やっぱり、このゴミは収集できません

ゴミ清掃員がやばい現場で考えたこと

マシンガンズ 滝沢秀一

白夜書房

はじめに

金が無さすぎて「なぜ人は働くのだろう？」と考えたことがある。

考えたことがあるというか、その期間四六時中、寝ても覚めても、マグロが産まれた瞬間から泳ぎ続けるように、延々と考え続けていたので、きっとノイローゼだったのだろうと思う。

三十六歳で子どもができたが、芸人を辞めるのは嫌だった。その昔、うちの親父から「お前が産まれるから歌手の夢を諦めた」と言われて、俺のせいかーと、何とも言えない気持ちになったのを覚えている。辞める時には、自分や生活の限界、自分の度量の狭さを痛感して、ここまでの人間でーすとでっかい声を出して辞めてやろうと決めていた。子どものせいにはしたくない。

なので、お笑いを辞めるにはズタボロになる必要がある。やってらんねぇよ、ボケぇが!! と腹を立てて辞めるぐらいがいい。徹底的に人生を漫才に費やしたと思えると同時に、最も未練が残らなさそうな生き方じゃないかと破滅への道を模索した。「朽ち果てるまで十秒前ぇぇ」とカウントダウンを始めたところで、秒読みが止まった。

アルバイトが見つからないのだ。

え？

辞めるための準備を始めたのに、その入り口にすら立てない。

「いやぁぁぁぁぁーーん、破滅すらさせてくれねぇのかよぉぉぉぉーーー！　こんな妙な感じでうやむやに廃業させられるほど、世の中は厳しいのかよぉぉ」

天井を震わすほど大きな声で嘆くと、飼い猫が爪とぎを途中で止めて、こっちを見た。にゃー。そうだよ、と言っている気がした。なめんなよとすら言っている気がした。世間はお前の思っているようにはならないものにゃー。飼い猫がぐいぐい来る。

でもな、俺の肩には妻と産まれてくる子どもと老猫、つまりお前だな、その責任がのし掛かるちゅ～もんなんだよ、猫のお前にはわからないかもしれんがな。俺がどうなろうと俺の知ったこっちゃないと思いながら芸人を続けてきたが、子どもが産まれるとなると話は別だ。

きっと根が真面目なんだろう。こうなったら意地でも職を見つけ出して、きっちりお笑いを辞めてやろうと、訳のわからない目標に向かって走り出した。

九社アルバイトを落とされた後、運良く友達の口利きでゴミ清掃員という職にありつけた。

現在、僕は七歳の息子と四歳の娘を育てている。全てはゴミ清掃のおかげだ。強制はしないが、息子と娘、そして妻には、ゴミ清掃に誇りを持ってもらいたい。

墓石に彫ってもらいたいとすら思っている。そのくらい僕は何万、何十万というゴミを回収した。

数多のゴミを回収していると、世の中の形がうっすらと見えてきた。

「そうか……僕が見ていたのは世界の一部分だけで、それが世界の全てだと決めつけていたのかもしれない。世界が見えていないということは自分自身も見えていないのかもしれない。愚痴っているうちは人生拓けないのかもしれない。ゴミから学んだことを実践、実践！」

かもしれない仮説のオンパレードで、生きるべき方向性が何となく見えてきた。

しかしまたしてもピンチに陥った。

妻が二人目を出産してすぐ産後うつに襲われた。

産後うつをどうやって乗り越えたかは、本書とは趣旨が違うので、触れるつもりはないが、僕は何のために働いているのだ？　と思うようになった。家族のため？　自分のため？　家族のために自分を押し殺すのは、家族のためにならないという信念はここで崩れるのか？　砂のように風に吹き飛ばされるのか？

自分の器の脆弱さに愕然とした。

強風も強風。大強風。やべー。マジやべーと叫ぶ余裕もなかった。そうか。歌手という目標を早々に取り消した親父は、こういうことを見越していたのかもしれない。やりたいことを通すのは、こんなにも難しいことなのかと、世の中の底知れぬ恐ろしさにガタガタ震えた。

その時、四十歳。

え？　四十歳になってもこんなにガタガタ震えることあるの？　と言っても仕方がない。

実際、妻は入院し、娘を施設に預け、息子を実家に預け、僕は次の日の収集に備えて、自宅で寝ている。この現実は変えられない。社会を恨みかけたが、恨んだところで、解決に結びつかないことに、すぐに気づいた。ゴミ清掃と芸人をやっていることによって学んだからだった。

なので、ゴミ清掃員を本業にしようと決めた日からオーディションをバンバン断った。何だったらマネージャーに説教すらした。

「このオーディション、俺が受かると思うか？　俺だぞ？　よく見ろよ。今までお前は俺の何を見てきたんだよ？　俺はお前の思っている以上にポンコツだぞ！　もっと受かりそうな後輩芸人に行かせろ！　しっかり自社のタレントをよく見ろ！」

マネージャーは泡食っていた。

お前の仕事は人を見極めることだとも付け加えておいた。

そんな芸人はいなかったので、マネージャーはガタガタ震えていた。僕はもうガタガタ震えていなかった。芸能事務所には絶対に口答えしてはいけないという慣習に抗いつつ、隅っこで好きなお笑いを続けさせてもらうことに成功した。

そして、家族との時間を作ることができた上に、「ゴミ清掃に集中することができた。ゴミ清掃に集中すると、あらゆるゴミ問題は、根っこにはびこる諸所の間違いを直していかないと解決しないという結論に至った。これが先ほど述べた、社会を恨んだところで何も解決しないという話に繋がってくる。表面的な問題を指摘しても根っこが変わらない限り、同じことの繰り返しだと気づいたのだ。

これはきっと、ゴミ清掃だけでも、お笑いをやっているだけでも気づかなかったことかもしれない。

なぜ働くのだという問いに、よく世間ではやり甲斐という言葉を使うが、僕はあまり好きではない。とても曖昧で、そう思わなかったら真人間ではないと思わせる強制力があるような気がするからだ。

ゴミ清掃と芸人を行ったり来たりして、たどり着いた答えは、その仕事を通して何を見るか、だと確信している。

はじめに、で結論を言う本がどこにあるんだ？　と編集者に怒られるかもしれないが、そんな本が世の中にあってもいいと思う。

その仕事でしか感じることのできない感触、どんな光景が見えるのか、そこで何を思うのかをすくい取って、自分の人生に、または社会に活かせる何かを見つけなければ、その仕事じゃなくてもよいということになってしまう。働く以上お金が最も大切だが、貧乏性な僕は、お金以上のことも求めなければ、損した気分になる。俗な言葉で表現すれば、酒や女より興奮する何かが人生において欲しいと求めている。一段階上の欲望まで手にしたい僕は本当に欲深い。業。業の塊だ。そのうちブッダ辺りがこん棒でぶん殴ってくるかもしれないが、置かれた状況を嘆いてもただいたずらに時間が過ぎるだけなのは、僕のこれまでの人生で証明されている。

観念的な表現で言えば、僕自身がどこか他人事のように僕みたいなものを利用して、今の時代に必要なことを喋る。それが、誰の真似でもない自分なりの生き方ではないかと思っている。

ゴミ道。そこは新しい時代の入口だ。

やはり俺はノイローゼだろうか？

さぁ、ここにゴミの全てを置いてきた。ひとつなぎの財宝が如くゴミを貪るがいい。ゴミは宝だと気づく者がどれくらいいるか見物だ。

さぁ、ゆけーー!!　………何だ、このキャラ!?

ということで、はじまりでーーす！

やっぱり、このゴミは収集できません
～ゴミ清掃員がやばい現場で考えたこと

――もくじ

1章

ゴミ清掃員は今日もつぶやく

マシンガンズ滝沢
@takizawa0914

ゴミを回収し終わったら、運転手に手をあげて合図するのだが、たまに前から歩いてきた人が勘違いして手をあげる。仕方がないので会釈する。

マシンガンズ滝沢
@takizawa0914

低反発マットを畳もうとすると、めっちゃ反発する。

マシンガンズ滝沢
@takizawa0914

可燃ゴミの中に防犯ブザーが入っていたらしく、車体のゴミの中でアラームが響き渡るが、探し当てるのは不可能。助けを求めたいのはこちらの方だ。今までで一番迷惑なゴミだった。

マシンガンズ滝沢
@takizawa0914

都心のアパートにはゴミストッカーというものが付いている。中にはバネが弱く、蓋が落ちてきて、体ごと挟まれる。これを我々は、人喰い箱と呼んでいる。

マシンガンズ滝沢
@takizawa0914

ビーズクッションのことを専門用語で“爆弾”と呼ぶのだが、慣れ過ぎると良くない。
清掃員A「爆弾入りましたー」
清掃員B「あーい」
通行人が勘違いしてギョッとする。

マシンガンズ滝沢 @takizawa0914

ビーズクッションは緊張する。回転板にまかれて破裂すると、中の細かいビーズが飛び出て、道路に散らばったそれは回収不可能。業界では爆弾と呼ばれている。

マシンガンズ滝沢

@takizawa0914

エロ話に夢中になり過ぎて、行かなきゃいけない道をうっかり通り過ぎる運転手がいる。

マシンガンズ滝沢

マシンガンズ滝沢
@takizawa0914

ゴミ汁が飛ばないように歩行者が来たら回転板を止める。しかし隙間を縫って強引にくぐり抜ける歩行者が不意に現れれば、汁が掛からないよう清掃員が盾となる。

マシンガンズ滝沢
@takizawa0914

ゴミを慌てて持ってくるおばちゃんがよくいるので、いつもこっちから「ゴミもらいますよー」と声を掛けるのだが、たまに買い物帰りのおばちゃんが混じっていて変な感じになる。

マシンガンズ滝沢
@takizawa0914

自分で出したゴミを自分で回収するという奇跡に巡り合ったことがある。

マシンガンズ滝沢
@takizawa0914

お花がパンパンに詰まったゴミの袋が回転板で破裂した。花びらが舞い散り、とても綺麗だった。花びらを浴びて祝福されている気分になったが、それはゴミ。拾い集めるのが大変だった。

マシンガンズ滝沢
@takizawa0914

道をゆずってもらったら、清掃車の中の作業員が手をあげて挨拶するのだが、運転手も含めて三人とも手をあげたら「本っっっ当にありがとうございます」の意味。

2章

ゴミ清掃員でも
回収できないゴミ

得体の知れないゴミ

僕はまだいい。こういう場を与えられているので昇華できる。たとえ酷い目に遭ってもこういうところで話を披露すれば、憤りを抱え込まずに済む。

「ゴミ清掃の仕事をやっていて、こないだ怖かったんだよー」と、お笑いライブやラジオで話せば、「そんな酷いことする人いるの？　そんな人がいなくなるように今の話を広げるね」なんて反応もあるので、嫌な気持ちの一部は天に昇る。

ただ、世のほとんどの清掃員は、理不尽なゴミが現れると、顔を歪めながらも気持ちを押し殺して回収している。本来なら、背中を向けて走って逃げてもいいくらいだ。世の中には、人知れず悲鳴をあげながら、今日もゴミと格闘している清掃員が大勢いる。

ゴミ清掃は恐怖との闘いだ。

いつどこにどんなゴミが潜んでいるかわからない。

得体の知れるゴミ、得体の知れるゴミ、得体の知れるゴミ、得体の知れるゴミ、得体の知れないゴミ、得体の知れるゴミ、得体の知れるゴミ、得体の知れるゴミ……。

「得体の知れないゴミ」という単語が混じっていたが、一瞬わからなかったでしょ？　そういうことなんです。

大多数のまともなゴミの中に時折、ヤバいゴミが混じっている。包丁がそのまま捨てられていて、飛び出してきたこともある。可燃ゴミに割れたグラスが入っていて、掴んだ瞬間、軍手を突き破って、血が吹き出たこともある。

「触るなーーー！」温厚なベテラン清掃員が絶叫するので、回収の手を止めると、可燃ゴミの中に注射針がびっちり入っていたこともあった。そのまま知らずに掴んで、万が一針が刺さったら、何かの感染症にかかる恐れもある。忘れもしない一般的な住宅街の集積所。そのほとんどがきちんとしたゴミ出しをされている中にひとつ、そのゴミは混じっていた。

八年前の話だ。

入ってすぐの出来事だったので、この仕事をやっていけるのかと自分の行く末を案じた。

ここら辺は前著『このゴミは収集できません』にも書いてあるので、新たなエピソードを紹介したいと思う。

トイレでしてくれ！

それはゴミではなかった。

概念すら覆される。ゴミを回収するのが、ゴミ清掃員の役目だが、集積所に置かれているゴミの山の中には、ゴミではない物が混じっているという。はぁ？

「滝沢さん、気をつけてね。ここは小便が飛び散るかもしれないから」

「え？　なんで？　どういう訳？　なんで、なんで!?」

質問しているうちに飛び散るかもしれないので、一旦清掃車から離れ、再度その日の相棒に疑問を投げかける。

「寝たきりの人の？　なんでおしっこが飛び散るの？　トイレに行けない人とか？」

「全っ然違います。僕、ここの住人に聞いたんですけど、寝たきりの人はいないと言っていました。ただ何をしているかわからない、ブラブラしている人がアパートに住んでいるから、そいつじゃないかって。牛乳パックだけを置いて部屋に戻っていったのを見たことがあると言ってたので、間違いないっす」

話を聞けば、どうやら牛乳パックに小の方を詰めて、ガムテープでグルグル巻きにして出すことが生活スタイルだという。

生活スタイル!?　何その生活スタイル？　人に迷惑をかけることを生活スタイルと呼んではいけない。学校で教わっていないが、そんなことくらいは教わらなくてもわかる。絶対にダメだ。常識は覆った。いや、覆ってねぇわ。ダメなものはダメだわ。

同僚は知らずに回収していた頃、清掃車の回転板に挟まれた牛乳パックが破裂し、中身が飛び散って、飲んでしまったという。

飲んでしまった!?

全身にその液体を浴び、飛び散る飛沫が口に入ったという。輩だ。こんなものを排出する奴は完全に輩のすることだ。

「じゃさ、じゃさ、何でそんなことをするの？」

「わかんないっす」

「…………いや、わかんないじゃなくてさ」

「このアパートのどこかしらで見ているんじゃないですか？　ひひひ、掛かったぁ、つって。あー、見ないでください」

「え？　え？　何が？」

「俺らが見ることによって、意識していると思われて、調子に乗るかもしれないんで。どこかで見ているかもしれないっす。こういうのは無視が一番いいんっす」

「それ本当なの？」

「本当かどうかなんて、どうでもいいんですよ。でももし本当なら、一瞬でもそいつを喜ばせたくないんっす。寝たきりの老人はいないんです。犯人はニートじゃなくても、それに準ずる人で……。嫌がらせに反応したと、そいつをほんのちょっとでも喜ばせるのは絶対に嫌なんです」

　僕は彼に従うしかなかった。彼はその爆弾を浴びている。爆弾を浴びた人にしかわからない気持ちだってある。浴びていない者が浴びた者に意見を述べるのはあまりにも傲慢だ。そもそも液体は回収してはいけないが、判別が困難なので仕方がなくと言う。

　もし可能ならば、そいつを社会から排除するのではなく、じっくりと話し合って、何故そんなことをするのか？　それをやって何を手にするのか？　その手にしたものはどういった意味があって君に何をもたらすのか？　それを面白いと感じるならば、独善で、面白いとは自分と相手が同時にその楽しさを共有し、面白いねぇと言葉に出さずして確認できる行為であって、それは相手がどう思うかを感じ取る能力が必要で、それは面白い面白くないを表現するに限らず、生きる上でとても大切なことだ、と僕はこんこんと、相手が泣くまで、ゲボ吐くまで叩き込んでやりたいと思う。日本から追い出しても、海外で第二の被害者が出るから。

やっていることはテロ組織と変わらないよ。爆弾か小便かの違いなだけで、清掃員にとっては爆弾と変わらないよ。ゴミを回収しているだけなんだから。

エロい気持ちになりたかったのに

テロ現場に近いこともあった。

消火器の中身がバラまかれていたのだ。なんで!?　からの四苦八苦。

「おー、あそこ、午後の俺らの現場だぞ」

運転手の指さす先の集積所には、人だかりができていた。警察官数人と野次馬が集まっており、物々しい雰囲気が漂っている。絶対に只事じゃない。だが、四回苦しんで、八回苦しむことが訪れるとは、まだその時は気づいていない。目の前の仕事で手一杯だ。野次馬の件は後回しだ、と思っていたら、午後がやってきた。

現場に到着すると、辺り一面が真っピンクに染まっていた。置かれている全てのゴミと歩道が、そこだけ雪が降り積もったかのように粉まみれになっている。白とピンクの間の淡いピンクだった。ゴミに花が咲いているようだ。

「あー、これ消火器ですねー」

……ピンク⁉　消火器の中身ってピンクなの？　へー、大人になっても知らないことがあるもんだと思いながらゴミを回収すると、一分前にゴミに花が咲いているようだとのんきに考えた自分を呪った。掴むだけで微粒子が舞い上がり、感覚的には粉が毛穴に暴力的に侵入してくるよう。数十秒後には、二メートルも離れていないもう一人の清掃員が見えなくなり、忍者が姿をくらます時に使う秘密道具を食らったのかと思った。何がゴミの花だよ、ばかやろう。

「ゲッホ、ゲッホっっ……これボヤ騒ぎっすねっホッホッー」

「ホッホッー、ブファー……なんでわかったの？」

「これ……ゲッホー、そうでしょ？」

ピンクの煙の中にいるのならば、エロい気持ちになりたいのに、炭素化したゴミを見ている。

恐らく煙草のポイ捨て。

一箇所を中心に黒い輪が広がっていた。ゴミ捨て場ならいいやと、軽い気持ちで消していない煙草を投げ入れたのだろう。そのせいで僕は、エロい気持ちにならないピンクの煙の中でむせ返って、ゴミを運んでいる。回転板のボタンを押せばピンクの煙は色濃くなり、忍者は一人ではなく二、三人いるのではないかと錯覚する。色濃くなったところでもちろん、エロい気持ちになんかなれない。いや、別にエロい気持ちになりたい訳ではねぇわ！　と口に出したくなったところでふと思った。

消火器の中身は吸っても大丈夫なのだろうか？　吸い込む可能性のあるものだから、有害物質が入っていれば、もっと注意喚起しているはずだ。だから大丈夫なのだろう。でも二メートル先の相棒の顔も見えないピンクの煙の中にいると人間、疑いたくもなる。

ゲッホゲッホ！　これは体が本能的に嫌がっている拒絶反応ではないのか？　マスクはしているが、酸っぱい口になっているような気がする。消化器の中身って酸っぱいのね。

「オーライ！」

オーライじゃねぇわ！　と相棒に言いたかったが、口を開く訳にはいかない。相棒の顔を見れば、片栗粉をまぶした揚げる前の唐揚げのようになっている。ということは僕もだ。袖口で顔を拭こうと思ったが、制服もピンクに染まっていた。

別の場所に移動する時、清掃車のバックミラーで自分の顔を確認すると、ドリフのコントのオチで真っ白に染まっているいかりや長介さんを彷彿させる顔になっていた。

携帯を手に取り、「消化器　有害　中身」で調べてみた。

「通常使用では危険性、有害性はありません。ただし吸い込んだ場合は水でよくうがいをし、新鮮な空気の場所に移動して安静にし、異常を感じる場合には医師の診断を受けてください」

読みあげると、運転手、相棒ともに大爆笑した。

なんで？　感覚ぶっ壊れてるのか？

「え？　ヤバイの？　これヤバイの？」と、もうひとりの清掃員が「衣」をつけながら笑う。笑ってる場合か？

「大丈夫だよ。工場に帰ったら、うがいしろよ」

いや、今したいのよ。

でも、自前の麦茶でうがいして路上にぺっと吐いたのを、誰かが見ていたら苦情が来そうででできない。新鮮な空気を吸うために移動したいが、制服が粉まみれでどこに行っても、粉を吸い込んでしまう。何かの歌で「どこに行っても結局、自分から逃げられない～」みたいな歌詞を聞いたことがあるが、まさかこんな形で自分から逃げられないとは思いもしなかった。

こうなったら、諦める他なく、異常が出ないことを願ってグッと麦茶を飲み込んだ。

もうね、それでいいと思う。ゴミ清掃員として従事しているのだから、もし何かあったとしても、ゴミ清掃と心中する気持ちで、僕は働く。

ゴミから上がる煙に騒然

粉と言えば……、粉のエピソードまだあるのかよ。普通、粉のエピソードって一般の人、一つあるかないかよ。

ゴミ清掃員の僕は二つ持っている。

今回は明らかに無害。無害だけど、ゴミ清掃員にとっては未知の代物なので、単純に恐怖。「何だー、全くの無害じゃないか」といった物でさえ、その場では二の足を踏む。

バフッ！

「煙があがったぞー」

清掃車のそばにいるもうひとりの清掃員が叫ぶ。まずこの時点で煙って何の煙？　火が出た？

スプレー缶の引火？　それとも清掃車の故障？　など様々な憶測が頭をよぎる。

見ると、確かに清掃車から煙があがっている。

何か粉が舞っている。白い。また忍者が現れた。なんでこんなに忍者が現れるの？　いや、煙といえば忍者という、僕の引き出しの少なさを露呈している。さすがにここに伊賀も甲賀もいない。

こういう時、僕がまず思うのは、吸っても良いものなのか？　ということだ。野球で言えば、内角を攻められて腰が引ける打者は稼げないというが、判別のつかないものには近づかないというのが、僕の清掃スタイルだ。

しかし清掃員の中には、矢でも鉄砲でも持って来いと言わんばかりに、猪突猛進の清掃スタイルを確立している清掃員もいる。煙幕があがろうが、ゴミ汁を浴びようが、ガリゴリ作業を続けるバッファローのような男だ。この人は目を二、三回しばたたかせて、まるで煙などないかのように振る舞う。きっと戦国時代なら、槍を持って奇声をあげながら先陣をきっていただろう。老いて尚も獅子という言葉が浮かぶ。

煙が風に流され、おさまるのを待ってから原因を突き止める。

今後もあがるのか？　吸っても大丈夫なものなのか？　見てわかるものか？　再び舞い上がらないよう回収し続けるにはどうしたらいいか？　そもそもどこに潜んでいるのか？　そんなことを検証するために、震える親指と人さし指をマジックハンドのようにしてゴミを探る。

小麦粉だ。ゴミ袋に直に入れてある。

回転板に挟まれ袋が破れ、小麦粉が舞ったという仕掛けだ。理由がわかれば怖くも何ともない。

この世で一番怖いものは、理由がわからない、目に見えないということである。埃にしたってそうだ。

清掃車のゴミを入れる場所(バケットと呼ぶ)の正面から見れば、清掃車の影となり見えないが、実は埃が大量に舞っている。角度を変え、陽があたれば、回転板を回す度に埃が舞い続けていることがわかる。これだけの量の埃が常に舞っているのかと可視化すれば、マスクは手放せない。これをまともに吸い続けたら、と考えればゾッとする。目に見えない、経路がわからない、実態がわからないということがこの仕事につきまとう。

マスクの大切さを頭の片隅に置いておいてほしい。

ゴミ袋に注がれたみそ汁

まだまだ僕は、自分の常識が他の人の常識でもあると、勘違いしている節がある。いや、だけどゴミ出しに関しては多分、僕の方が詳しいから合っていると思うよ。

みそ汁が可燃ゴミに入っていたことがある。

捨てる？　フツー。牛乳だってある。流しに捨てないのは何故？　食べきれないプリンだって入っている。嫌がらせ？

東京はいろんな人がいるわー、十人十色だねー、なんて言っている余裕はない。こんなところで個性を発揮しなくていい。俺を驚かしてもしょうがないでしょ？　万が一、ゴミを集積所まで持っていく時に袋が破けたら自分が嫌でしょ？　恐る恐る破けないようにゴミを運んでいるのだろうか？　何故？　きっとそこまで考えていない人だから、他でも何かしら雑なところがあるに違いない。何かうまくいかないなぁ、どうしてだろう？　と思うことがあるのならば、そういうところよ！　と言いたい。

まずあなたがやるべきことは、食べきれなかったプリンをそのまま捨てないことである。ヨーグルトもそう。同じ理由。牛乳もそう。もう単なるヤベー奴。

個人的には、みそ汁や牛乳を流しに捨てるのも水を汚しているので、やはり食べきれる、飲みきれる量というのを知ることが、捨てずに済む解決法だと思う。

動き回るゴミ…か⁉

ニュースで見たのだが、名古屋で砲弾が不燃ゴミで捨てられていたという。

砲弾⁉　本物のテロ行為じゃねぇかよ‼　スプレー缶一本でも清掃車火災になるというのに、何故、砲弾は燃えないゴミの日だから今度の火曜か〜、と思ったのだ？　清掃車で間違えて圧縮していたら、ビビるくらい燃えるわ。……いや燃える燃えないの概念に当てはまらないわ。

しかし僕だったら、気づいていない可能性が高い。だって砲弾を見たことがないから。これは砲弾だから、回収できませんシールを貼って、なんてことできない……。僕なら三十センチ以内だから粗大ゴミじゃないからオッケーね、と清掃車に積んでいたかもしれない。ゾッとする。

全国各地のニュースで、拳銃が出たとか、住宅街からまとまった拳銃の弾が出てきたとか見る度に、自分が思っている以上に危険な作業をしているんだなと実感する。日常のすぐ裏側には非日常が潜んでいることを忘れない方がいい。

僕が回収した中でも、日常が一瞬にして、非日常に変わったゴミがある。ゴミ清掃業という定義を問われるゴミだ。解釈がとても難しく、いまだに答えが見つからない。

ある繁華街での回収だった。

見ると、ゴミ袋の中でネズミが暴れまくっている。

驚くが、よくあることで、ここはまだ日常。ネズミだって命懸けで生きているので、そこに食べ物があれば、袋だって破く。仕方がないことだ。生きるためには四の五の言っていられないだろうから、僕に気づいて袋から出てくるのを待つ。しかしネズミちゃんは暴れるだけで、一向に出てこない。

どん臭いネズミちゃんだなぁと思い、痺れを切らして細心の注意を払いながら袋を手に持ち、二、三回揺らした。ゴミ清掃員の仲間で、ネズミにあっちいけと手で払いのけようとしたら噛まれ、その足で病院へ直行したという人がいたので、ネズミの動きを凝視した。

違和感を覚えた。

どこにも穴がない……。なんだ？　どういうことだ？　ネズミが結び目の間をすり抜けて中に入り込んだのか？　いや、二重に結ばれている。だとするとなんだ？　どういうマジックなんだ？　手品？　と思考をぐるぐるとまわせば、結論はひとつ。

生きたネズミを捕えたのか偶然ゴミ袋に入ったのかわからないが、人間が意図的に縛ってそのままゴミとして出したのではないか？　という洞察。

あっという間に非日常。人の心、怖っ。

「おいおい、勘弁しろよー、人間」と思った。

しかしながら、やはりそのまま回転板のボタンを押すことにどうも気が引ける。結局、僕は袋を破ってネズミが逃げるのを待ったが、この時の僕の立ちふるまいは、ゴミ清掃員として正しかったのかどうか、いまだにわからない。

ゴミ清掃員としては、住民が出したゴミはきちんと回収するべきだろうが、その区の規定に明記されているのは死んだネズミだ。そこでは「死んだネズミは触らずくるんで可燃ゴミで出しましょー」と書かれているが、生きているネズミのことは明記されていない。

ならば、生きているネズミは違反ゴミである、と僕は解釈している。しかしこの案件は職員の間でも意見が分かれることが予想できる。ネズミ嫌いのドラえもんだったら十回くらい回転板のボタンを押した挙げ句、ポケットから爆弾みたいなのを出そうとして、のび太に止められるのだろうが、こっちはただの中日ファンのおじさん。誰がただのドラゴンズファンのおっさんだよ。

まぁ、合っているか……。

そんなことより、僕はここに、ゴミ排出者の心を見た。ゴミ袋にネズミが飛び込んでしまった。触るのも嫌だから縛って出しちゃえ、あとはゴミ清掃員が何とかする、知ったこっちゃねえとそのまま集積所に捨てたと推測した。

たまったもんじゃない。

気持ちはわかるよ。そりゃパニックになるだろう。ネズミが屋内に出ただけでもパニックなのに、しかもゴミ袋に飛び込むなんて滅多にないもんね。機転をきかせて縛ったことに俺頭良いーとすら思ったかもしれない。

でもね、ちょいとね、清掃員だってパニックなんよ！

袋の中でチューチュー言ってるんだから。僕に息の根を止めろというのはゴミ清掃員の業務の範疇を超えている。実際目の前にあれば僕の気持ち、わかるよ。

ゴミ清掃員はゴミを回収する人で、ゴミかどうかを判定するゴミ判定員じゃないのよ。ゴミ判定員ってなんだよ⁉　そんな職業聞いたことないわ！

人を新種の職業に就かせないでほしい。逆の立場だったらどう思う？　自分がゴミ清掃員で生きたネズミが入っていて、袋が破けてなかったら？　僕だったらひっくり返るね。このロジックわかる？　僕だったらひっくり返るねと言っているのにひっくり返らなかった僕の精神力の強靱さよ。これをもう少し評価されたい。

生きているネズミが仮に違反ゴミだったとするならば、僕は違反ゴミだと住人に知らせるシールをネズミに貼らなければならない。恐らくじっとはしていられないだろう。シールの方がネズミより大きいから繁華街をシールが走り回る。あの街はＵＭＡが現れると噂になるだろう。

世にも臭いのは…

今まで書いてきたことは、何かしらの意図を感じるが、中には出した本人が無自覚でも、悪質ゴミになることもある。

「ま、いいっか」が僕ら清掃員の肝を潰し、腰骨を砕く恐怖を味わわせることだってある。

資源の缶回収である。

普通に出してくれれば、何の問題もないが、猫のエサ缶を食べかけのまま出す人がいる。

自治体によっては、飲料系の缶しか回収しないところもあるが、うちの自治体では飲料系の缶だけでなく、せんべいの缶や海苔の缶、ミルク缶も回収している。なので猫のエサ缶も中身を出して、紙等で軽く拭き取って、朝に出してくれれば、もちろん回収する。

……そのエサ缶は、レジ袋の中に入っていた。ストロングゼロやら何やらと一緒に中身入りの猫のエサ缶……、季節は夏。

ゆるく結ばれたレジ袋の隙間からは強烈な臭いを放っている。

僕は悪臭を予感して息を止めた。この自治体では袋を破くのも清掃員の仕事。結び目を引っ張っても破けないので、右手の親指に力を込めて、レジ袋を破り、中の缶をゆっくり取り出す。

と案の定、中身が残った状態の猫のエサ缶。

ゴミの臭いに堪えられるんですか？　と質問されることがよくあるが、答えはＹｅｓ。それはすぐに慣れる。人間の鼻ってマジすごい。ヌタウナギが視力を失って進化したように、清掃員は嗅覚が変化する。

　そんな僕が唯一堪えられないものが、真夏の猫のエサ缶。

　魚系の腐敗臭だけは強制的に鼻の奥をつく。サバ缶も同じだ。一時期、テレビで紹介して流行ったからか、やたらサバ缶が出ている時があった。今は前ほど見なくなったので、きっとブームは去ったのだろう。

　刺激臭の発生源はどこだと探そうとしても、最初は焦点が合わなかった。しかし確実に、体の中の何かが反応している。違和感を覚えるというやつだ。その違和感の元を探して、急激に焦点が合ったと思えば、ズームアップして吸い込まれた。

　ハエが卵を産んで、うじ虫がわいている。

　ギャーーーーーーーーーーーー！

こっちが違和感を覚えていると同様、うじ虫達も違和感を覚え、頭らしきものをうねうねと動かしている。

　母バエの優しさよ。産まれてすぐに食べ物にありつけないと我が子達が可哀想だわと、レジ袋の隙間をかいくぐり、猫のエサ缶を見つける愛情の深さよ。

　ギャーーーーーーーー！

　ウィーーーーーーン！

　反射で回転板を回しちゃったよ。ごめーん、リサイクル工場の人。どんな作業をするのかわからないけど、考えるより先に手が動いちゃったよ。ネズミの時よりショッキングだったから。

僕もまだまだ。こんなことで動ずるなんて、ゴミ道を極めようという志を持つ者として恥ずかしく思う。

……いや、やっぱり住民の方々に是非とも協力をお願いしたい。うじ虫だけではなく、ゴキブリやネズミなども寄ってくるので、衛生的にもよろしくないかと……。缶の残り汁も、甘いとアリが寄ってきたり、腐ったりして強烈な臭いを発するものもあります。しっかりやらなくて結構です。洗い物のついでにちょろっとだけ水を入れてゆすいでくれると、謎の発疹が出なくて済みます。

この謎の発疹も最初の頃は怖かった。

「あー、多分知らないうちにアリに噛まれてるんっすよ」常勤の缶回収の人が教えてくれた。本当かどうかは問題ではない。こっちは安心したいだけだ。何が一番怖いって、わからないことをひとりで抱え込むことだ。

「腐ったジュースが皮膚に反応しているのかと思ったよー」

「あー、その可能性もありますねー」

やめて！　断言して！　未知なるものに圧倒的な恐怖を感じる。

猫缶の衝撃話を後日、可燃ゴミの人に話した。

「あー、ありますよね。俺も前にゴミを回収していた時に、ちっちゃいコンビニ袋がちょっとだけ揺れてるんっすよ。まるでコンビニ袋が生きているみたいに震えてるんっすよ。何かなーと思って……同じです。焦点が合ったんですよ」

「ちょっともういいや。やめて！　予想がついた」

「でね……、よーく見たらコンビニ袋の中身が生ゴミで全部うじ虫！　あまりにも数が多いからそれらが動くとコンビニ袋が生きているみたいに動くんっすよ」

ギャーーーーーーーーーーーーーーー！

「やめてって言ったじゃん！」

「多分、一日じゃあんな数にならないと思うので、俺らが回収した後に生ゴミだけを出して、3日後とかに俺らが回収したと睨んでるんっすよねー」

「聞こえないの？　何でやめないの？」

「あれはうじ虫界のバブルだと思うんっすよねー。こっちに金があるぞーみたいな感じでハエが集まってきちゃって」

笑わせるテンションで喋っていたが、僕は全く笑っていなかった。いつ自分の身にそんなことが起きてもおかしくはない。こういうものは心の準備ができない。突如現れる。日常が一瞬にして非日常に変わる。……あまり非日常は好きじゃないので、できればいろいろと協力してください。本当に怖いんで……。

僕ら清掃員はただゴミを回収しているだけではない。それを知っていただけただけでこの章は成功。

うじ虫はトラウマだが、今ではそれすらも利用しようと思っている。我ながらたくましい。

「前日にハエが卵を産んだとするならば……、あれだけのスピードでうじ虫になるし、量もすごい……、日本人はうじ虫は食べないけど、タンパク源としてうじ虫を食べる国もあると聞いたことがある……。意図的に増やして、捕まえて乾燥させて砕いて、食べる国に売れば、俺も向こうもハッピーになるのではないか？　誰か俺とビジネスやってくれないかな……」

「滝沢さん、何ブツブツ言ってるんっすか？」

「いや、なんでもない」

オーライ！

3章

怪事件に巻き込まれる
ゴミ清掃員

ベテラン清掃員の洞察力

ゴミ清掃員の分析力はすごい。

『DEATH NOTE』でいうところのLだ。ほんの僅かな手がかりから、プロファイリングをし、特定する。

ルール違反をする者がいるからだ。大体、どこの自治体でも一回に出していいゴミの量は決まっている。概ね三、四袋で、それ以上出す場合には有料となる。

ゴミ回収は、ここからここまでのルートで大体何トン積むと計算して回収している。だから、一軒の家で十袋も二十袋も出されると他の家のゴミが回収しきれなくなるので、その場合は『大量排出についてのお願い』というシールを貼って置いていく。

問題は複数の民家が利用する集積所だ。

「ここ、やたらと出てますね～」

「どこかの家が大片づけをしたんだろ。こんなに持っていけねぇよ。どれどれ」

ベテラン清掃員がゴミを分析する。と言っても、袋を破いて中身を見ることは決してしない。見られたくない物を捨てる場合にはどうしたらいいですか？　と質問されることが多いが、その場合、大きな袋の中に、中身が見えにくい小袋を用意してその中に入れて縛れば、ゴミ清掃員が目にすることはほとんどない。ゴミを圧縮する回転板に巻き込まれて、外側の大きな袋は破けるが、中の小さな袋が破れることはまずない。しかしびんとか缶を入れた場合にはすぐにわかる。音や重みで察知する。それはそうだ。こっちは何万、何十万というゴミを回収してきたので、他とは違うゴミだと手と耳が反応する。

と、と、と、と……話がそれた。プロファイリング。

ゴミ清掃の世界に入りたてだった僕は、このベテラン清掃員が始めたゴミ分析に懐疑的な目を向けていた。いくら何でも十軒から二十軒の家が利用しているだろうこの集積所で、ひとつの家が出したゴミを特定することはできないだろうと思った。

「ここら辺は全部一軒の家が出したゴミだから大量排出のシール貼っておいて。この中から四袋だけ持っていく」

見ると、十二、三袋のゴミが肩身狭そうに置かれている。ベテラン清掃員に見抜かれ、ゴミの方もバツが悪いのだろう。

「え？　なんでわかったんですか？　めっちゃ言い切ってるじゃないですか。どうやって特定したんですか？」

「見てみろよ、ティッシュの使い方が一緒だよ。それに袋の結び方が一緒だ。捨てている物も何となく統一感がある」

ふぉぉぁぁぁぁーーー。

僕の口から漏れた感嘆の声だった。心底驚いた。

確かに半透明の袋から見えるティッシュの使い方は、中央を少し使っているだけの使い方だし、結び目は二重に結んでいるうちの二回目の結びが少し甘い。自分の知らないところで人は癖を露わにしている。すごい。すごいよ、ベテラン清掃員さん。

「ふぉぁぁぁぁーーー」

「うるせーな」

「すみません、でもすごいっすね。マジで感動しました。これって皆できるんですか？」

「皆かどうかわからねぇけど、言わないだけで思うことはあるんじゃねぇか。あのおばあちゃん、最近ゴミ出ししてないけど、体調悪くしてないかなぁ、とか、あの子どもは最近挨拶してくれなくなったから年頃になったんだなぁとかさ」

見てる見てる。ゴミ清掃員もただゴミを回収している訳ではない。そうだよね、清掃員だって人間だから住民を見ている。

それを聞いてからというもの、僕もプライベートに踏み込まない範囲でゴミを見るようになった。

どちらかと言えば、プロファイリングというより世の中の流れ。マーケティングに近い。

ネット情報には、有料で宣伝ページを作る会社のものもあるので、これが流行っていますよー、一番売れていますよーなんていうネットニュースをでっちあげるなんてベッドで寝ながらでもできる。しかし滝沢清掃員は実際、足を使ってこれだけの本麒麟が缶の日に出されているのならば、宣伝で謳っている十億本突破というのはマジなんだろうな、と感じる。金麦、のどごし、トップバリューシリーズもホンモノ。レモンサワーはどっこいどっこい。互角。レモンサワー大海賊時代。筋トレブームも本物。以前よりプロテインが出るようになった。エナジードリンクは若者が飲んで可燃ゴミに分別せずに捨てる。おじいちゃんがモンスターとかごくごく飲まない。おじいちゃんは飲むとすれば栄養ドリンク。他にはパックの日本酒、ポッカコーヒー、あるいは永谷園のお茶漬け。

おごれる者久しからずが如く、ラムネは一時期ほど見なくなったし、ココナッツオイルの容器は全く見なくなった。鼻セレブは花粉症か風邪っぴき。明日も鼻水が出ることを確信している。何だかんだ言って、派手に流行になるより一番の勝ち組は、R－1ヨーグルトではないかと思う。これがずっとコンスタントに、廃れることなく何年も出続けている。

このように、ゴミは今現在や少し前の流行を反映する。飲んだり、食べたりしていないものをゴミにするのは無理だ。僕は以前からゴミは生活の縮図と言っている。出口だけは間違いなく真実だからだ。人は男も女も恋人同士で嘘をつくが、ゴミだけは僕を裏切らない。

僕は違反ゴミを見分ける手の感覚と、ゴミを分析する特殊能力を手に入れた。

今では、岡山県の環境番組『Ｒｅ：ｓｅｔｏ』内の、市内のゴミ回収をする企画で、ゴミ袋を持った瞬間、違反ゴミーと叫ぶ特殊能力を披露している。しかも、常識外れだとスタッフが眉をひそめるそばで、更に分析力もフルに使って、いち早く何の時に出されたゴミかを答えた。

クイズにしようか。

・封が開けられていない大量のコンビニ飯。冷やしラーメンやおにぎり、スパゲティー。
・溶けた氷が水になっている袋が四袋。
・簡易の椅子。

……ゴミ清掃員をやらずして、瞬時にわかったのなら天才かも。ゴミ清掃界のイチローになれる素質あり。

僕は間髪入れずに答えた。これが正解。

「キャンプとかバーベキューの類いで出たゴミですね」

「おーーーー」

以前、僕がベテラン清掃員に向けた感嘆の眼差しを今、僕がスタッフ一同や地元の清掃員から受け、拍手すら起きている。本当に正解かどうかわからないけどね、本人に確かめた訳ではないから、と思ったことは黙っておいた。

しかしゴミにはストーリーがあることは間違いない。

消費税増税前、一日に四個も五個もルンバのダンボールを回収したことがある。世に言う「駆け込みルンバ」だ（僕が勝手に言っているだけ）。

いつかルンバが欲しいけど、なかなかその機会がない。しかしどうせ買うのならば、ちょっと無理してでもこの機会に買った方が、増税後に買うよりお得でしょ、という背景が見える。

ルンバダンボールをひとつ見ただけならば、何も気づかないが、一日に数個も回収すると何かあるのではないかと考え、群集心理を読もうとする。まるで小説が好きな人が行間を読むように、僕はゴミと社会の間に解釈しうる行間ならぬ、ゴミ間があるのではないかと可能性を模索する。どうせ鑑賞するならば、感性だけで片づけないで思慮深くロジックを味わいたい。人は生きているだけで芸術だ！　やっぱり頭がおかしいのかもしれない……。

古紙回収でも、ふた昔前は「○○経営」みたいな本をよく見たが、最近はあまり見ない。現在に至るまでの経緯は、「スピリチュアル」を経て、「断捨離」本自体が断捨離されている!? と横目で見ながら、現在は「あなたはそのままでいい」的な自己肯定本という見事な時代反映。古紙には人々がどういう幸せを求めているかがうかがえる。

中身を捨てる謎

いや、しかしまだまだ修行が足りない。

ゴミ道に先人はおらず、獣道を掻き分けて通っているようなものだ。どうしても解釈ができないゴミが世の中にはある。もしガイドブックが売っているならば、金を出してでもほしい。解釈が手に入るのならば喜んで支払おう。

この世には理解不能のゴミがある。

バナナの本体が五、六本可燃ゴミに入っていた。本体？　それだけ？　皮は？

ザザッとしか見えないが、皮がどこにもなかった。

僕ほどのキャリアでなければ見過ごしていた。新人の清掃員だったら何の疑問も持たず、そのまま放っていた。気づいただけでナイスバッティングだが、当たりが良いだけでアウトだ。

わからない……。

どう考えてもわからない……。

むいたら食べるでしょ？　傷んだものではなく、皮をむいたことによって茶色く変色している程度のものだった。つまりむいたときには黄色いバナナだったのではないかと想像できる。

なんで？　皮だけ使うの？

あれだろうか？　バナナに関してだけ特別に知識が不足していて、皮が本体で、本体のバナナは種みたいなものだと思い込んでいる東大生とかじゃないだろうか？　勉強ができ過ぎて、ニワトリの足を四本描く人がいると聞いたことがある。母親も当然わかるだろうと、バナナの食べ方を教えなかったとか、いろいろな要素が絡んでいるに違いない。

差し出されたミルクティー？

シンプルにこれはどうだろうか？

皆さんも一緒に考えていただけると有り難い。そのゴミもまた、気を抜けば見落とされそうなゴミだった。

未開封のミルクティー。

本来なら液体を回収してはいけない。でもなぁ、ここに残しておいても、風で流されて、川に落ちればそのまま海に流れて、海を汚すことにもなるし……ん？

僕は手袋を外した。

温かい……。

どういうことだ？　なんで温かいミルクティーがここに置いてあるんだ？　予想していたより手に重みを感じる。蓋が開いていない……買ったばかり!?

なんで!?　この温かみは買って一時間も経ってない。いや、十五分程度だ!!　辺りを見渡しても人影はなかった。

この辺りはコンビニがない。一本道の先を見れば、自動販売機がある。少し遠くて確認しにくいが、この紅茶の名前と自販機のメーカーは一致している。

短絡的に考えれば、あそこで買ってここに置いたと推測できる。買ったはいいけど、急に飲みたくなくなったのか？　なぜ？　もしかしたら、そもそも欲しいものではなかったのかもしれない。間違えて出てきたのではないか？　いや、それだったら返金される約束を取りつけラッキーと僕ならゴクゴク飲む。無料ほど美味いジュースはこの世にない。こんなことなら毎回、間違えてほしいって思っちゃう。

なぜカビが生える？

これも不思議だ。カビの生えたティッシュ。

週二、三回ある可燃ゴミ回収に普通通り出していれば、ティッシュにカビまで生えることなんてまずない。謎だ。

ずっと部屋で放置されていた？　ゴミ屋敷のようにいろいろなものが散乱していて、下敷きになっていたのだろうか？　ティッシュが長期に渡って使われることってなんだ？　かませたのか？　ガタガタいわせないために。机の下とか棚の下に。

わからない。

僕は今や、びん回収でヘパリーゼが七、八本出てきたら、一週間に一度の資源回収でこの数ならば、毎日飲み会に行っているんだなぁとまで読み取れる男よ。ということは夜、家を空けることが多いだろうから、戸締まりだけはきちんとしてね、とつぶやく男よ。

可燃ゴミを読み取るのは、生活の跡が見られるからまだ容易い。だが、資源の声まで聞き分けるような男にまで成長した僕が、わからないというのだから、オーパーツのようなものだ。いや、天狗になっていたのかもしれない。これはゴミの神様がお与えになった試練に違いない。ゴミ神の姿が全く見えなければすぐに挫折するだろうし、簡単に掴まえてしまえば天狗になるからと、手のひらで転がされているようである。

露出過多のネグリジェおばちゃん

しかし一番わからないのはやはり、人なのではないだろうか。

理解できないゴミとは結局のところ、人が出す。ゴミは、積極的にコミュニケーションを取ってくる訳ではないが、人は接触してくる。

ネグリジェだ。

おばちゃんがゴミを持って、ネグリジェで向かってくる。待ってぇーと六十歳前後と思われるおばちゃんが突進してくる。

そして僕の近くまで来るとクネクネする。

「いやーー、恥ずかしい！　ごめんなさいーーー！　キャーーーーー！　ねぇ、こんな格好で。ごめんなさいね。いやーーーー！　もう！　ハイ！」

そっちからやってきたのに、まるで被害者のような言い方だった。特に「もう！」の部分にそれを感じた。もう、しょうがないわねぇ、みたいなニュアンスで、何だったら怒っているのかもしれない。

「はい、じゃそこに置いておいてくださいー」

作業に夢中なので見ていませんよ、というふりをする。しかし背中には、まだそこに存在している気配を充分に感じる。

「いやーー、ごめんなさい。ちょっとーぉー。やーね。本当に。恥ずかしいー」と話しかけてくるので顔を向けると、その場でクネクネしている。餅でも踏んでいるのだろうか？

「もう大丈夫ですよー、そこに置いておいてくださーい」

「ねぇー、もっと早く出せばいいんだけどねー。イヤーー、恥ずかしい」

え？　何で帰らない!?

まじまじ見る訳にもいかない。

シースルーのワカメちゃんが裾を持って下着を隠そうとしていると言えば、想像がつくだろうか？　隠そうとしたところでシースルーなので丸見え。

どういう意図なのだろうか？　出し忘れたゴミ↓シースルー姿の自分↓恥ずかしい↓立ち去らない。立ち去らないがわからないのよ。

プレイか？　僕は何かのプレイに巻き込まれているのか？　恥ずかしいなら立ち去ればいいじゃないか。ねぎらいか？　ネグリジェで？　とてもとても刺激的な朝じゃないか。集積所のゴミを全て回収し終わり、失礼しまーすと言うと、ようやく帰っていった。妖怪とかじゃないよね？

「ビビったぁぁぁーー、ワァとか声が出そうになったよ」

「滝沢さんの対応で合ってますよ」もうひとりの清掃員が言った。

「何が？」

「以前ね、毎回あの格好で出て来るから、親し

み込めてちょっと話しかけたんですよー。もう、いつもそんな格好で出てくるから朝から刺激的っすわー。朝八時までにお願いしますねーって。そしたら」

「そしたら？」

「苦情の電話があったんですよ。わたしのことをいやらしい目で見ているって。ジロジロと見られたって」

「ウソだろ？　怖っ！」

「血が逆流しましたよ。足の裏から見るかーって血が込み上げてきて。もうね、触らぬ神になんちゃらですよ」

「あっぶねぇ。下手したら俺も言っちゃってるよ。あんな格好してたら何か言った方がいいのかなーとか思って」

とんだ美人局《つつもたせ》がいたもんだ。美人局？　ごりごりイジられる格好しててイジったら本気で怒るお笑い芸人に似ている。そりゃイジるでしょ？　そんな格好してりゃ。

知らないうちにネグリジェおばちゃんと正しい距離感を保っていたようだ。綱渡りだ。知らないうちに綱を渡っていた。

しばらく会わないで、再度会った時に、そのおばちゃんはパジャマを着ていた。そうか、もうすぐ冬かー、と感じた。冬はパジャマ着るんですねなんて言ったら、夏にいやらしい目で見られていたと電話されるかもしれない。それこそ触らぬ神になんちゃらだ。

覗かれる恐怖！

本当の恐怖はまた別にあった。

そこのコースは初めてだった。

「滝沢さん、ここの奥はバックで入っていくんですけど、音鳴らしませんので、誘導も声出さないでください」

「あー、クレームが入ったことがあるんだ？」

「そうなんですよ。後方左の家です」

「何か怖いね」

「むふふ……お楽しみです。普通に回収していたら大丈夫っす」

何がお楽しみなんだろう？　と引っかかったが、別段聞かなくてもいいと思った。何か楽しみにすることがそこにはあるんだろう、程度に思っていた。

無音、無言で車はバックする。オーライと言えないので、大きく手をあげる。

着いてすぐにその家を見たが、他の家と何ら変わらない。二軒並びで袋小路になっており、集積所はなく、戸別回収。アメリカタイプで、下にタイヤがついている大型ゴミ箱だ。

相棒が左の家を楽しんでくれたまえと言わんばかりに、右の家のゴミ箱を開いて回収する。

大型のゴミ箱は底が深いので、ゴミ箱に頭を突っ込まなくてはならない。小さいゴミが底に落ちていると、取るのに苦労する。

よいしょ、よいしょと小さいゴミを手に取ろうとするうちに、ゴミ箱に上半身を突っ込んでいるせいで暗くなり怖くなってきた。

クレームを入れる家だ……。ゴミ箱に頭を突っ込んでいることも気に食わないかもしれない。早めに取ってこの場から去らなきゃと急いだ。

よいしょ、と。

そこで何か言葉にできない違和感を覚えた。

何だ……この、違和感は？

ゴミ箱に頭を突っ込む前と引き出した後で、世界の何かが変わっている。

何だ？　このゴミ箱はパラレル・ワールドへの入口だったのか？　相棒の清掃員が言っていたのはこれのことか？　パラレル・ワールドに連れてくるなんて超意地悪ではないか？　いや、相棒は何の変化もない。正面は両サイドブロック塀なので何の変化もない。ということは背後の家だ。相棒がオーライと言わず手を大きくあげる。違和感の正体を見極めずにこの場から去るというのか？　口惜しい。とても残念だ。

目の焦点を広範囲に合わせて僕の担当の家を眺める。何かが引っかかっている……。何だ？

焦点を夜の猫のように徐々に絞っていく。二階のベランダ。居間に繋がっているだろう窓。繁った庭の植木の葉達……。

そこじゃない……。

目が合わずに目が合った。

そこだ!!

見ると玄関の新聞受けから目玉がふたつ、ギロリとこちらを睨んでいた。

ギャーーーーーーーーーーー!!

僕は叫ばずに叫んだ。いや、叫びが入ってきたといった方が正確かもしれない。僕は足がすくんで、その場から動けなくなった。

アワワワ……。

恐怖。圧倒的恐怖。

目が合っているのに、その目は動かずにギロリと僕を睨む。目がぐるりと動いたような気がする。僕を品定めするように、上から下まで舐めるように見ている気配がした。

まばたきをしたのがわかった。

出発前に清掃工場でトイレに行かなかったら、漏らしていたかもしれない。それこそ大クレームだ。

「私の家の前でおしっこを漏らしていったわよーーーー!」

そうなったら確かに僕が悪い。自分の家の前でおしっこ出されたら、たまったもんじゃない。

「何で住民さんの家の前でおしっこしたんだーーーー!!」

「……すみません、住民さんが見ていたので」

「何だ、お前!!!　住民さんが見ているとおしっこするのか？　街中がおしっこだらけになるだろ!!!」

「そんなに出ません！」とか、訳のわからない言い訳をしてしまうだろう。

その時、ポンポンと相棒の清掃員に肩を叩かれた。

「行きますよ」とささやかれ、我に返った。

バタン。

振り返ると新聞受けがしまった。

日常が帰ってきた。

しかしドア一枚隔てれば、そこには「恐怖！　新聞受けからの目玉」が潜んでいることを意味した。日常とはドア一枚の違いで、すぐ向こうには非日常が潜んでいることをまざまざと見せつけられた。

何の道具も使わないで、特別な言葉ひとつなしに非日常の世界に連れて行くその人を、僕は「日常殺し」と名づけている。恐らくおばあちゃんのような気がする。目だけだから判別しにくいけど。

「ちょっと言ってよー。ビビったー」その場からだいぶ離れたところで僕は相棒清掃員に言った。

「でしょ？　日によって見ている場所が違うんっすよ。時には玄関横の小窓だったり、二階の窓のカーテンの隙間とか」

「怖すぎるだろ？」

「ビビってる滝沢さん面白かったー。声出しちゃいけないのに吹き出しそうになったー」

「人が悪いよ」

「笑っちゃいけない状況って余計笑っちゃいますね？」

「笑っちゃいますね、じゃないんだよ。でも何で見てるんだろうね？」

「いや、わかんねぇっすよ。見る人の気持ちなんか。俺、新聞受けから清掃車見たことないっすもん」

「そらそうだ」

謎。

恐らく苦情を言うためだろうが、あえて謎の方が面白い。苦情を言うために覗かれているとなったらムカついちゃうが、何だか理由がわからないけど、新聞受けから覗かれているだけだったら笑っちゃう。

ゴミ清掃と一口に言っても、いろいろなものが見えたり、いろいろな体験したりするでしょ？

4章

ゴミ清掃員、
金持ちゴミを分析する

超金持ちほどゴミは少ない

前著で、金持ちのゴミと一般庶民のゴミの違いについて書いたところ、思わぬ反響をいただき、もっとくれ、もっとくれー、まだ腹の底に隠してないか？　出せ、出せ、出し惜しみせずに全部吐き出せーと、餓鬼が迫ってくるような勢いで数々の有り難いお言葉を頂戴した。

なので今回は、前編と後編、二章に渡って深掘りしていこうと思う。

この章は金持ち地域にもランクがあり、そのランクごとの事細かな情報を解説していこうと思う。そして次章ではお金持ちのゴミから注目するべき点に焦点を当てて抽出した「金持ち哲学」を導き出した。この章の後に読むと、より理解が深まると思うので、もしお手元に「暗記パン」などがあれば、是非写して食べてほしい。

前著をざっとおさらいすると、お金持ち地域では高級な美容液や健康グッズなどが出てきて、一般的な住宅地では大量の握手券付きのCD（最近、あまり見なくなった）や立派な仏壇が粗大ゴミで出される。高級住宅地の人達はお金を自己投資に使っていて、そうじゃない地域の人達は他人にお金を費やしている。また、一般庶民の方々は「小さな消費が大きな浪費に繋がっている」と書いた。

大量の洋服が定期的に排出されるのは一般的な家庭が多い。洋服は自己投資のひとつではあるが、新品に近い洋服が多いと散財に見える。トップクラスの高級住宅地では使い古した婦人用の洋服が一枚入っている程度のもので、大量に洋服を捨てるという光景は見たことがない。

ゴミにはその人の哲学が含まれていて、その集合体は地域柄を表している。これはもう「ゴミ社会学」ではないかとよく言っているが、その考えは今でも変わっていない。

結論から言うので、お手元の「暗記パン」をこのページに押しつけてほしいし、無ければ普通に覚えておいてほしい。

――最高級クラスの高級住宅地は圧倒的にゴミが少ない――

後々、詳しく説明するが、SSランクの金持ちが最もゴミが少ない。

客観性を保つため、ベテラン清掃員何人かに取材した。

「昔の金持ちはどんなゴミ出してたんですか？　バブルの頃とか」

「え？　金持ちのゴミ？　あー、昔から金持ちはゴミ少ねぇよ、お前も本に書いてたじゃん、その通りだよ」

「へぇー、昔から？」

「昔からだよ。ちなみに昔は質屋しかなかったから、彼氏と別れたのかわからねぇけど、高級な腕時計を捨てていたとかはあったな。まだ動いているやつ。質屋はなかなか行けないじゃん？今はネットで売れるから、そんなのは見なくなったけどな。時代が浮かれているってのはあったけど、それでも、他の地域に比べたら少なかったよ」

時代とともに回収する物は変化しても、本質は変わらないのかもしれない。三十年も四十年も前から変わっていないので、向こう三、四十年先の金持ちの心理も、そうそう変わらないだろう。一般庶民も本質的にはそんなには変わらないと思われる。

ゴミ清掃員を何年間もやっていると、お金持ち、一般庶民の家庭に限らず、「なんでこれにお金を払ったのだろう？」ということばかり考えるようになった。何に金をかけて、その結果どうなりたくて、どんな気持ちになりたくて、これを手に入れたのだろう？　そしてその傾向はどんな人達に多いのだろう？　と考えながらゴミを回収し続けた。

プール付きの豪邸から出るゴミは…

さて、本章の本題。

高級住宅地にもランクがあるという話だ。

高級住宅とひとくくりに言っても上中下がある。ゴミを見てランク分けしたのだが、これが不思議なことに、ネットで土地の相場を調べてもきっちりそのランクにあてはまるから面白い。

高級住宅地とその他の住宅地と分けて考えるのはあまりにも雑なので、高級住宅地の中でもランクによって特徴を抽出する。なお、六本木ヒルズ的なところは、担当していないので含まれていない。ここら辺とかも回収できる機会があれば、新たな考察が加わるかもしれない。

ちなみにゴミの話ではないが、全金持ち地域に共通して、正月は玄関に飾るしめ縄率が高い。一般家庭でも見られるが、比べ物にならない。高級住宅地の全家庭と言えるくらい、しめ縄を飾っている。これは信心深いというより、しめ縄を飾る楽しみに気の回る余裕があることを意味する。

あと意外なのは、太った人をあまり見ない。汚い格好をしている人はいるにはいるが、SNS等で見かける「私は成功者だ」と言っている小太りな金持ちは、ここにはいない。きっと僕の回っているところは、生粋の金持ちで、成り上がった人達とはまたタイプが違うのだろう。それこそ、そういう人は六本木とかに住んでいるのかもしれない。

では、高級住宅地の「下」から話したい。

高級住宅地の「下」というと、よくわからないパラドックスが生まれるので、うな重みたいに「梅」と名づけよう。誰が高級住宅地の「下」だよと怒られては敵わない。

高級住宅地の梅は、一般庶民と変わらず、スーパーでも買い物をする。ゴミ袋も指定のものがなければ、スーパーの袋で出すこともしばしばある。その中にさらりと松坂屋の紙袋が入っているので、そうかここは高級住宅地なんだと再確認させられる。その松坂屋や高島屋の袋の中からビニール袋に入れられた生ゴミが出てくると不思議な気分になる。お金持ちもこうして生活しているんだなぁ、と金持ちだけ異空間で生活している訳ではないことを示す。しかし毎回高島屋の紙袋でゴミを出すご家庭があるので、やはりここは高所得者のご自宅。

ただ、梅の高級住宅地は、一般庶民とそう遠くない生活をしている。

先日、清掃車の回転板を回した時に、残したカレーが飛び出してきた。ふふふ金持ちでも本当の一流にはまだまだ遠い金持ちだな、本当の金持ちはこんなゴミの捨て方をしない、と、まるで自分が最高峰高級住宅に住んでいるような勝ち誇った顔に、カレーがぶっ掛かったものだった。

この地域の住人が好んでいるものは、オーガニック食材宅配サービスだ。よく見る。

いくらくらいかかるのだろうとネットで調べてみたところ、スーパーと併用すると月の食費が一、二万円高くなる程度だった。頑張ったら出せない額ではないが、毎月この出費が重なるとなかなかの痛手だと思える値段設定。梅金持ちは、何でもかんでも手当たり次第物を買うのではなく、このような出費が続いてもへっちゃらな体力がある。

お金持ちも手軽さを求めるんだと共感する一方、考え方によってはお金で時間を買っていると感じさせる。僕なんかはやはり、節約するために手間を掛けてしまう。夏には節約のために手作り経口補水液を作って持っていくあたり、もはや変態の域に達している。

ただ、ここの地域の残念なところは、食品ロスも少なくない。

賞味期限が切れそうな備蓄用のレトルトカレーが一気に出されたり、多少しなびたかなーという程度の丸ごとキャベツ、大根、人参、変わり種だと大量のウエハース（もらったのか?）などが出てきたりする。どうかゴミ道を追求して無駄にしないでほしい。たぶん、ゴミ道って何だよ、うるせーなと言われるに違いない。

あと、ここによく出てくるのは、剪定された葉や雑草だ。

庭があるのだ。地味なことだが、都内の、しかも高級住宅街で庭付きなのがどれだけすごいか。都会から離れた地域の人はあまり理解できないかもしれない。しかし、売れない芸人から見ると、その収入は天文学的数字。ただ、これが梅の金持ちではなく、最高峰の高級住宅地の松だと、そこまで剪定された葉が出てこない。恐らく業者が刈り、そのまま引き取っているからだろう。梅のお金持ちの方は、業者に頼みつつも排出は自分でするか、もしくは時間に余裕があるのか自分で雑草を抜いているのかもしれない。少し親しみが湧く。金持ちになったから万々歳という訳ではなく、庭を維持するために労力を必要とする。

ほかにも、回転板に挟まれて、大量の旅行の写真が飛び出してきたことがあった。終活で処分しているのだろうか、大量の夕日の写真だった。人が映っておらず、プライバシーに関する物ではないが、いろいろなところを旅行したのだろうと想像させる夕日だった。人生の中でその人がどのように楽しんで生きてきたのか、スライドで見ているようだった。

うちなんて家族揃って旅行なんてそうそう行けない。これだけ旅行に行けるとは、まぁそういうことだ。

実はここの地域にひとつ、ハウススタジオがある。芸人の仕事で、元々は誰かの家だったこのスタジオに入ったことがある。

L字型の敷地で門をくぐれば、細長い石畳が二十メートル続き、その奥にはプールがあった。プールよ。自宅に。

今はもう使われていないそこには、苔や、周囲に雑草が生えているが、確かにその昔、金持ち生活を堪能していた様を彷彿とさせた。大きなリビングを含め一階に四部屋、二階にも四部屋、一階二階両方にトイレがある家だった。何故この話をするかと言うと、この地域の他の家もこれに匹敵するに違いないと思ったからだ。門構えを見ると、他の家と何ら変わりない。中に入って驚いたのだから、他の家も、これに類似する豪邸だと予想される。土地の相場は変わらないのだから、あとは建物の値段の違いだけでしょ？

様々なところに旅行に行っている、豪邸に住んでいる。これがどれほどすごいことか、何年働いてもなかなかお金が貯まらないなぁという人には理解していただけると思う。梅より上は、どんなゴミかを想像しながら読み進めていただくと、楽しいかもしれない。

もう一回言えば、ここは松竹梅の梅の地域である。

金持ちであり続ける苦しさも

続いて竹の高級住宅地。

ここでは目を凝らすと、生活ゴミの中に見慣れない美容液が出てくる。松や梅もそこそこ出てくるが、高級美容液は竹から出てくることが多い気がする。

僕は男性なので、美容系の物にあまり詳しくないが、CMやドラッグストアで見かける有名なものではないことくらいは判断できる。お金持ちの使うものに興味があったので、一度だけ、出てきた美容液を調べたことがある。商品名は伏せるが、アンチエイジングシリーズと記されており、価格は三万九八〇〇円だった。腰が抜けそうになった。え？　こんな七、八センチ程度の大きさの物が三万九八〇〇円⁉　と声が漏れた。

もうひとつ言えることは、今はもう当たり前になっているウォーターサーバーだ。水を入れるでっかいペットボトルみたいなやつが金持ち地域で出始めた頃、こりゃ一体なんだ⁉　と思った。今ではウォーターサーバーのペットボトル自体を見なくなったが、当時は宇宙人でも見る目で観察したものだ。

アンテナが立っているお金持ちに商品が浸透して、値段が落ち着いた後に、一般家庭に降りてくるパターンが世の中にはありそうだ。

企業の動きが見えて世の中が面白くなってくる。そんなこと、微塵も考えないで生きてきたのでこういう点で考えてもゴミ清掃めっちゃ楽しい。見識が広がる、ちゅーもんだね。

ただ竹の高級住宅地も、一般住宅地と変わらないなぁとガッカリすることも事実としてある。中にはクレーマーがいるのだ。

淋しい。松側の人間からすると切ない…。と、松側を知っているから松側の人間の気持ちになっていたが、僕は庶民だ。

それは、僕が小さい頃から地名を知っていて憧れてもいた金持ち地域でのクレームだった。

「朝から出していたのに、何で回収してくれないんですか？」

どういうことだ？　完全に嘘なのに何でそんなことを言うんだ？

いつもゴミが出ているのに運転手も含めてもうひとりの清掃員と三人で「この家、出していないっすねー」という会話をしているから、間違いなく朝出し忘れている。そんな言い方をするなんて、金持ち喧嘩せずと言うけど、本当なのかねぇなんて話をしていた。

仕方がなく回収に行くと、一軒だけポツンとポリバケツを出していた。

「間違いない。こんなの出てなかった。ここだけ取らないなんてねぇよな」と運転手が呟いた。

「本当ですね。あ、いいですよ。俺端っこに座っているんで、取ってきちゃいます」と言って車から降りた。ポリバケツからゴミを取り出した時に、なるほどー、そういうことかーと頷いた。

ポリバケツの底が得体の知れない水分で汚れているのである。

なるほど、なるほどー。神は細部に宿るとはいうが、それを象徴している。

ポリバケツ自体が汚れているのは、きっとお手伝いさん的な人を雇っていないからだろう。

憧れの金持ちの地域に住んでいても、人生のゴールではないと、まざまざと見せられた気がした。高級住宅地に住んでも、生活は続く。住んだら人生、成功ではない。成功とは、生活し続けることだと、僕はそのポリバケツで悟った。

見栄もあるだろう。周りがしている生活を自分もしない訳にはいかない。隣の奥さんが持っているバッグと同等の物を持たなければならないのかもしれないし、アンチエイジングシリーズを買って、隣の奥さんとも張り合いたいのかもしれない。

この地のゴミを見てから、僕は、金持ち地域に住んでも生活が圧迫されていれば、手放しで羨ましいとは思えなくなった。

わからないよ。予想でしかないから。しかし清掃員である僕は、他の家はポリバケツの底も綺麗にしてあるのを見ているので、ここだけ汚いのはそれなりに理由があると思う。ゴミ清掃員もただゴミを回収しているだけではない。

中には住む土地が自分のアイデンティティの一部になって、無自覚に苦しんでいる人もいる。身の丈に合うものに囲まれることが、一番幸せなのではないかと考えさせられる回収であった。

高級住宅地にも高低があると思いながら、僕は取り出したゴミを清掃車に放った。

ゴミ袋にも金をかける余裕

さてさて、本題。正真正銘のモノホンの、厳選焙煎の金持ちはどのようなゴミを出すのか？

これはもう冒頭に説明したように、めちゃめちゃゴミが少ない。

本当にゴミを厳選しているのではないだろうか？　めちゃめちゃというよりめためた質素である（どういう意味だ？）。

いや、質素というと語弊がある。高級ワインが入っていただろう木の箱やら、直送の海の幸が入っていただろう発泡スチロールの箱が時折出て、豪勢の片鱗は見せる。だが、生活ゴミ自体は極端に少ない。

欲しい物は全て手に入れて、その他の物には価値がないと主張するように、不必要な生活用品は出てこない。僕はこの土地の資源を回収したことがないから、あまり詳しくは語れないが、チラリと通った時に見る限り、缶やびんもあまり多くないように見えた。

一方で、謎の「ゴミ袋」がこの地域から頻出する。

一体こりゃ何の袋だ⁉　とよく首を傾げたものだ。この袋でゴミを出す家庭は一軒や二軒ではない。持ち手がオレンジ色で破けにくい、強度のあるゴミ袋だ。他のゴミ清掃員に聞いても、わからねぇんだよと言うばかりで謎は深まった。

しかし滝沢清掃員が全力で調べたところ、クラッシュボックスと呼ばれるゴミを圧縮するゴミ箱の専用袋か、もしくは大型スーパーで売られている割高のゴミ袋のどっちかだと判明した。クラッシュボックスとは、三万円弱のゴミ箱で、上から圧縮してゴミを小さくする特別なゴミ箱だ。ゴミが小さくなるということは出す回数が減る。

自分ちを思い起こせば理解できるものね。

リサイクルできない、どうしても捨てなければならない紙や油の入っていたプラ容器などを可燃ゴミに入れるけど、結構かさ張るもんね。これをギューと押し潰せば、確かに袋の中にまだゴミが入るので、捨てる回数も減る。ゴミが少ない秘密はこれなのか？　とさえ思う。

もう一つの可能性、大型スーパーで売られている割高の袋の価格は、単純計算で一枚十一・五円。我が家で使っているのは計算すれば一枚六円程度。五円ぐらいの差でも、枚数を重ねていけば、差は開いていく。

これが金持ちの底力。

誰も見向きもしない、捨てるだけのゴミ袋にまで、庶民代表の滝沢と差をつけてくる。生活の最後に考えるようなゴミ袋にまで差があるのかと思うとクラクラする。ゴミにまで金をかけられる、気を回せる余裕があることが金持ちならではのゴミの悟りの域。これはもう凌駕と言ってもいいのかもしれない。

もちろん中身に外れ馬券など出てこない。一方、一般家庭の不燃ゴミの中に爪切りが七つ入っていたことがあった。七つ。こういうゴミは高級住宅地から出たことがない。あるべきところに必要な物を管理していると予想できる。煙草の吸い殻も極端に少ないし、大量のチューハイも飲まない。

粗大ゴミで、大人三人で持ち上げて三人とも腰を痛めるような大理石のテーブルが出てきたこともあるし、発泡スチロールの中にホタテの殻が山程出てきたこともあった。だが、それ以外は、淡々と生きている印象を受ける。本物の金持ちの家は、人間味すらないような僅かなゴミしか出さない。

それはもう信念すら漂うゴミ。

金持ちは質素だ、ケチだと聞くことはあるが、ちょっと違うような気がする。正確に言えば、自分の認めた物以外にはびた一文払わないだとか、漁るように買った物が人を幸せにする訳ではないだとか、語りかけてくるようなゴミだ。僕くらいまでゴミ道を進むと、ゴミの声が聞こえてくるのである。もちろん嘘である。インスピレーションを勝手に受けるのだ。

高所得者だって気分が良いときもあれば、上手くいかなくて塞ぎ込むこともあるだろう。しかし、そのような気分に左右されることなく淡々と生活をこなしているように見える。

習慣だ。確かに、習慣に従って生きていれば気分の浮き沈みに左右されることはなく、習慣をまっとうする。自分が気持ち悪いからだ。シミュレーションゲームで一番能率の良い選手の育て方を見つけたら、そればかりやるみたいなものだ。そのせいでしばしばゲームがつまらなくなるが、やる気とかバイタリティーとかを超えた、ただ単純に強化するという作業に近い生活。

そう、修行僧がここに住んでいるのかとも思う。

味気ないかもしれないが、無駄なことというのは結局無駄なのでは？　と、哲学に近い問いかけをゴミから投げかけられるその光景を、皆にも見せたい。

たまに出る牡蠣やワインも、ひょっとしたらもらっているのかもしれない。もらえるから金を使わないという正のスパイラルに組み込まれて、必要以上の物を買わないのかもしれない。もっと言えば、そのくらいの位置にいる人だから、物なんていくらでももらえるだろう。全てもらったら家が物だらけになるから、断っていることすら想像できる。

俺なら、もらえる物は全てもらっちゃうもんなー。太田プロにある、要らない物自由に持っていっていいコーナー、いつも俺、漁ってるもんなー。よくわからないぬいぐるみを度々もらって帰るので、うちぬいぐるみランドだもんな。息子も娘も好き嫌いが出てきたから、死んだような目つきで俺を見てくるぬいぐるみが、家に転がってるもんなー。

それでさ、次章で紹介する沖縄の清掃会社の社長の話がまた興味深いんですよ。

米軍基地の米兵のゴミ、興味ないですか？

是非次のページをペラっとめくってください。

5章

ゴミ清掃員が
金持ちぶってみた、ゴミで

米兵は階級でゴミが変わる

ふふふ。ページをめくったね。ありがとう。まだ読んでくれるとは嬉しいよ。

早速、米兵のゴミの話をしよう。

沖縄のゴミ清掃会社の社長さんが、子どもにもわかりやすいゴミの話をしてほしいと僕を沖縄に呼んでくれた。

講演会場に向かう車中、社長はさらりと言った。

「この道の辺りは、ゴミの出し方が無茶苦茶で大変なんですよ」

「わ、沖縄でもやっぱりそういう地域があるんですね？　ちなみにここら辺に住んでいる人達はどんな人が多いんですか？」

「米兵が多いねー」

「へぇー、米兵はゴミの出し方汚いんですか？」

「位の高い軍人はちゃんとしてるよー。汚く出すのは駆け出しの米兵」

「え!?　米兵のゴミの出し方って位で変わるんですか!?　どんなふうに？」

「滝沢さんの本を読んだ時に、すぐにピンときましたよ。お金持ちとそうじゃない人達のゴミの出し方の違いってやつ。米兵の給料事情は知りませんが、沖縄の米兵の場合、地位が当てはまるなぁと思いました。ここら辺は駆け出しの米兵がいっぱい住んでいるのですが、僕が回収していてよく見るのは、パーティーの後始末。ピザやビールびん、皿とか、そのまま何でもかんでも袋に突っ込むような捨て方をするんですよ。ひとりがテーブルの端で袋持って、もうひとりが腕をブルドーザーみたいにしてザザザーッと何でも袋に入れたようなゴミなんです」

「うわー、目に浮かぶわー。映画でそんな場面見たことある気がしますもん。位の高い人はそんな捨て方しないんですか?」

「見ないですね。でもアメリカ人なんでパーティ的なことはすると思うんですよ。子どもがいれば誕生日とかイベントごとはちゃんとやりそうじゃないですか?　それなのに、ザザザーッと捨ててるゴミって見たことないんですよ」

僕は衝撃を受けた。

ゴミの捨て方は日本人特有の感覚によるものではなさそうだ。ゴミに対する観念は国境すらも越える。

「ちなみに、何で位の高い米兵ってわかるんですか?」

「住んでいるところです。位が上がると住む場所が違うみたいですよー」

東京で言うところの高級住宅地にあたるのかもしれない。

やっぱりそうなんだよ。お金とか地位とゴミって絶対に関係があるんだよ。

米兵の例を見ても、位の高い人はゴミの出し方もちゃんとしている。ちゃんとしているから出世するのか、出世したからちゃんとするのかわからないが、事実として、出世した人達はゴミを軽視していない。

違反ゴミを出す会社は六年以内になくなる

違う視点も取り入れてみよう。比較することによって様々なことが見えてきそうだ。

僕がゴミ清掃員を八年間やってきて、確かに言えることがひとつある。それは……

――分別をしない会社は六年以内に潰れる――

これに気づいた時には、回収中にハァウッと声をあげたくらいだ。

僕がやっている地域は、家庭のゴミを収集する一般回収でも、少量という条件で届けを出し、有料シールを貼れば、会社のゴミも回収される。

これが面白い。

きちんと分別する会社もあれば、全く分別しない、酷いゴミを出す会社もある。

酷いゴミは、大量のシュレッダーゴミの中にびんや缶を入れる。または会社の資料がそのままの状態で、紙コップで飲んでいただろうコーヒーやら何やらの液体が底に溜まっている。

お客さんには最高の笑顔を見せるのに、俺らには見向きもしないのかい？　とブツブツ言っていたのだが、その時に気づいたのだ。

「そういえば、あのゴミ出しの酷い会社、最近ゴミ出さねぇな」

思い返せば、分別が酷いゴミの会社は、全て六年以内にゴミを出さなくなっているのである。ということは、今、この無茶苦茶な捨て方をしている会社も……。なるほど、こりゃ報いを受ける日が来るな……。どうぞどうぞお好きに出してくださいと思った。

ちゃんと分別するようになれば、僕らも「あー、ちゃんとやるようになったんだ」とわかる。だが、最後まで自分達の行動に気づかなかった会社は物の見事に無くなっている。

深い。本当にゴミは深い。

一方通行にならないように、いろいろな可能性を考えてみよう。

ある会社は「産廃」(事業系のゴミを回収する民間の清掃会社)に任せるようになったのかもしれない。会社ごと引っ越したのかもしれない。

もとより、ゴミとは関係なく、生き残ること自体が大変なことだろう。設立した中小企業の約三割が十年以内に消えていくと聞く※。顧客不足など、不規則な激しい波が次々と襲ってくる社会だからこそ、ひとつでも足元をすくわれないよう渡っていかなければならない。

なので、足元をすくわれる会社のほころびがゴミとして、僕の目の前に具現化しているのかもしれない。顔だ。ゴミはその人、団体の顔かもしれない。

僕はただのゴミ清掃員なので、あくまで予想なのだが、分別しない会社を想像してみる。
・上司がいい加減で部下にも伝染している、もしくは指導ができていない。
・お客様には精一杯サービスを心がけるが、裏では関係ないという無頓着さやほころびが何かの形でお客様の前に現れる。
・ゴミを担当している人に愛社精神がなくて、会社がどう見られようと関係ない。
・ゴミのことなど全く考えたことがない。

※中小企業庁ホームページ　中小企業白書2016年版　第2部第6章コラム2-6-2

悪い理由を探そうと思えば、いくらでも探せるものだ。神は細部に宿ると、先ほども書いたが、きっと本当のことだ。

十年後、三割の会社が潰れる社会で生き残るには、隙があってはいけない。大きな会社で無茶苦茶なゴミの出し方をしていれば、批判を浴びることは間違いない。寝首をかこうと狙いすましている人は世の中にいくらでもいる。それなのに、分別すらしない会社は、これから大きくなろうという志がないのだろう。未来を見据えずに進んでいることを意味している。

主観が入り過ぎるといけないので、見てきた事実と聞いた話だけを並べてみる。皆が好きに解釈してみてほしい。

・高級住宅街にも上中下ランクがあり、出るゴミと質が違う。
・米兵は位によってゴミの出し方が違う。
・ゴミを分別しない会社は六年以内に潰れている。

皆がどんな解釈をするかわからないが、ここでもゴミ清掃員はただゴミを回収しているだけじゃないと断言できる。

ゴミ清掃は本当にエキサイティングだ。

貧乏芸人の大量エロ消費

今度は、別の視点で「物を買う」ことについて説明しようと思う。超一流のお金持ちのゴミから垣間見える生活は修行僧のような習慣だと前章で書いたので、今度はお金持ちじゃない人を登場させてみよう。特殊だが、とてもわかりやすい例があったので彼にする。

お笑い芸人の後輩、元・やさしい雨の松崎君（三十八歳・仮名）の家に行った時の話だ。

彼との会話は消費の核心をつくのではないかと思わせる会話だった。

彼はとても貧乏だ。売れていないお笑い芸人誰しもがそうであるように、彼も例外ではなかった。借金もあるということだが、その原因は二次元のエロ漫画とエロゲームだった。

金があれば、全てそれらのグッズに注ぎ込むので、彼の部屋はエロ漫画とエロゲームで溢れ返っている。雪崩が起こるのではないか、その数二千点と言われるほど。聞けば本人もいくつ持っているか把握していないという。

どこを歩けばいいの？　と聞くと、そことそこですと、理科の実験で使うプレパラートほどの小さいスペースを指していた。恐る恐る足の小指で踏もうとすると、「そこは駄目です！」と、後輩にもかかわらず、首に噛みついてこようとする勢い。おじさんに噛みつかれるおじさんは見るに堪えないので、彼に従うことにした。

こんなに買う必要ある？　と聞けば、一冊千円とかなんで買っちゃうんですよねーと答えた。読み返すの？　と聞けば「たまに。うーん、でも買った時だけですね」とのこと。

なるほど。惰性も惰性。信じられないほどの惰性だと思ったが、僕の考えていることが間違っていないことを証明するものに出会った。

耳を揃えてテーブルに置いてある数冊の漫画が目に飛び込んできた。

「この漫画は何でテーブルに置いてあるの？」

「あー、これは大事なやつです。めちゃめちゃ高かったんですよー。よく読むんで、わかりやすいところに置いてます」

これだな!!　僕はそう思った。

松崎君（仮名）にとって乱雑に置かれている漫画は、一般の方達でいう、まとめて捨てる洋服や生活用品にあたるのではないか。松崎君（仮名）の部屋は、視覚的にどれほどの散財かを僕に見せてくれた。その上、スケベの中でも上下があることを教えてくれた。

――これは大事なやつです。めちゃめちゃ高かったんですよ――

一般家庭から定期的に排出される大量のゴミと松崎君（仮名）のエロ漫画やゲームの消費の仕方はさして変わらない。真新しいコップや、使い勝手が悪かっただろう脆弱なクッション。キャラクターに扮する耳のついたプラスチック製のフライ返し等々。回収していてゲップが出る。捨てればもう思い出さないが、もし捨てなければ松崎君（仮名）の部屋のようになっているはずだ。捨てない松崎君（仮名）の方が、ひょっとしたら買った物に最後まで責任を持って、ゴミを増やさないだけ、エラいのかもしれない。そう。エロくてエラいのかもしれない。部屋は汚いけど。

そしてもうひとつ言えることは、惰性で手軽に手に入れたものは、床に乱雑に置き、腹を切る覚悟で身銭を切った物に関してはテーブルの上に大切に置いておく。

ゴミが少ない人は松崎君（本名）のテーブルの上の大切な漫画のように、思い入れのある物に囲まれているのではないだろうか？　と、消費とゴミを結びつけてみた。

ゴミを減らせば貯金が増えた

ようやくここで、前フリ完了。長かったよー。

さて、本題。

超高級住宅地や会社、米兵のゴミなど様々なものを見たり、聞いたり、考えたりして、そこから導き出した僕なりの「生活がめっちゃ楽しくなる方法」を編み出した。どうか僕のことを狂人という目で見ないでほしい。

ある日を境に僕は、

――高級住宅地「松」のゴミをめっちゃ真似した――

物を買うときには思い入れを込めて買おう。そしてそれ以外のゴミになるようなものは極力買わないようにしようと腹に力を込めて決めた。いや、これは後付けかもしれない。

当時は単純に生活が苦しいから、超高級住宅地のゴミを真似することによって救われようとした。真似をしながら今書いたような話を聞いたり、体験したりして、曖昧だった考えを石のように固めていった。

僕は本気でゴミで覚醒してやろうと思っていた。

嫁に本気で「俺はゴミで覚醒する」と言ったら、爆笑された。しばらく笑った後に「何で覚醒するんだっけ?」と言われ、「ゴミ」と答えると狂ったように笑っていた。恥ずかしかった。まぁ確かに突拍子もないことだから仕方がないが、僕の中では未熟ながら、うっすらとした道筋は見えていた。

女っちゅーのは、世の中の仕組みをわかってないんだなぁと昔親父が言っていた台詞を、そのまま一語一句変わらず言ってみた。その時に俺も親父になったんだなぁとしみじみと思った。

今から三年前の話だ（恐らく二〇一七年頃）。

金を使わないために弁当を持参していたが、夏場は腐るのが怖くてコンビニで弁当を買っていた。まず、ここを改革した。水筒のお茶を飲み終わると、自動販売機でペットボトルを買っていた問題も合わせて解決しようと、家で凍らせておいたペットボトルを保冷剤代わりに弁当に当てた。溶けたら水筒に補充できるし、弁当の中身を腐らせずに済む。昆布や梅干しだったら、そうそう腐りはしない。念には念を入れて、清掃工場で、車がゴミを捨てているわずかな時間で、掻き込むように十時半位に前倒しで食べた。そのくらいの時間だったら腐りっこない。手作り冷凍経口補水液も合わせれば、ペットボトル三本分の保冷剤が効いてくれる。あくまでも自己責任だから真似はしない方がいいよ。あたったら馬鹿みたいだから。

これで、弁当代五百円として、ペットボトル百五十円×二本、手作り経口補水液を二百円とするなら一日千円の節約（材料費は除く）。週五日分の一週間で五千円だ。一カ月で二万円の節約。

そのお金は、使ったつもりで貯金箱に入れた。こうするだけでお金って溜まるのよ。

運転手にはピクニック行くんじゃねぇんだぞと言われたが、ニヤニヤしてその場をしのいだ。コンビニ弁当買ったらゴミ出るしね。ちなみに手作り経口補水液は、水道水に砂糖と塩を入れただけの飲み物だからめちゃくちゃ不味い。でもこれは熱中症予防に必要。

使ったつもり貯金箱には面白いくらいにお金が貯まっていく。だんだん楽しくなってきて、途中からは、思ったり、願ったりしてもダメというルールを作った。コーヒー飲みたいなぁと思った瞬間、ダメだと自分を戒め、その分を貯金する。

質素の部分を徹底的に真似した。多分、松金持ちが俺らでもそんなことしないよーという程の徹底ぶり。

貯金から浄水機能付きボトルを購入した。以前は家でもペットボトルで飲み物を飲んでいたが、それを止めるための投資だ。千六百円する高い買い物だが、ペットボトル十一本分でしかない。浄水部分は二カ月に一回の交換が必要だが、九百円なので、余裕で元を取れる。水道の水など百円あれば何百リットルも買える。

すると、思わぬ効果がすぐに現れた。資源に出すペットボトルがほとんど出ない。一本ずつ我慢していけば、このように結果が出る。

また一歩、金持ちに近づいたと心の底から嬉しくなった。ゴミを減らすことも楽しくなってきた。

オムツなどのゴミは仕方がないにしても、今まで以上に可燃ゴミから紙を抜き取って、資源に回した。送られてくるDMも、名前のところだけ千切ってシュレッダーに掛け、他の部分は雑紙に回した。今までは名前の書いてあるものは全てシュレッダーにかけていたが、名前のところだけにするとシュレッダーのゴミも減った。つまり可燃ゴミも減る。

また、それまでは、少しでも汚れている発泡トレーは可燃ゴミにしていたが、皿を洗う流れで軽くすすいでプラスチック資源に回した。紙とプラが減るだけで、可燃ゴミは圧倒的に減る。

今度は生ゴミも減らそうと思った。家族四人だから生ゴミは相当出る。貯金からコンポストを買って生ゴミを肥料にした。だが、うちはそんなに家庭菜園ができないので、結果失敗に終わった。折角貯めたお金をドブに捨てたようなものだーーと頭を抱えたが、山本昌も何度も失敗したと言っていたので、それを励みに頑張った。僕はいつか生ゴミをリサイクルするシステムを作りたい。

無駄な物を買わず、きちんと分別すれば、たったこれだけでもだいぶゴミが減る。

ドラッグストアに行けば、詰め替え式でない商品の棚には目もくれず、詰め替え用商品の中からしか選ばない。

あー、そうか。ラップも、繰り返し使えるタッパーを使えばいいんだ。そうしたらラップを買わなくて済む。そもそも、何故に食べ残った皿にラップをしなければならないんだ？　僕は嫁と子どもが食べ残したものを全て鍋に入れて煮込んで麺つゆをかけて食べきる生活をしているではないか。煮込めば大概の風邪ウイルス的なものもやっつけるでしょ？　的なノリで夕飯はいつもそうしていた。飽きたら豆板醤やオリーブオイルにタバスコという組み合わせで回していけば、何とかなる。

とにかく食べ物を捨てるのが心の底から嫌なのだ。

ゴミ清掃員をやっていると、本当に食べ物のゴミに心が苦しくなる。せめて自分だけは捨てずに、ちゃんと食べきろうと心に決めた。

以前は人参の皮を剥いていたが、剥かなくていいのでは？　ピーマンの種も食えるだろうと思って調理したら、食べ終わった後、皮や種の存在すら忘れていた。食える。食えるよ、皮くんに種さん。生ゴミの水切りは以前よりさらにギュッと絞った。そもそも剥くじゃがいもの皮を何故洗うのだ？　と思い始めた。洗わないで剥いた皮はシンクに置かず、水切りした後の生ゴミと最後に合流させれば、絞る力も少なくて済む。まとわり付いている水は極力少ない方がいい。

賞味期限を気にする妻には、冷蔵庫をチェックして、これを明日使い給えとノムさんのように采配を振るう。僕は食べてビリビリしなければ、あまり気にするタイプではないが、気分良く食べてもらいたい。

毛玉だらけになった服はさすがに売れないので、裁断してティッシュ代わりにした。口や汚れた手を拭いたりしてから捨てれば、ティッシュのゴミもあまり出ない。

現在は洋服レンタルで済ませているから、洋服ティッシュは打ち止め。たまたまネットで見つけたが、洋服を所持しなくて良いのが気に入った。人前に立つ職業柄、安くても綺麗な服を着なくてはいけない。そんなに買っているつもりはなかったが、押入れはいつも洋服だらけだった。洋服レンタルはコーディネートもしてくれるし、今までのように安く買って捨てるという罪悪感がなくなった。一度お金を払ったら所持しなければ損だという感覚ももうなくなった。

習慣になった今では何も苦にならないが、やり始めた時は気が狂っていたのだろう。目を血走らせ、ゴミとなりそうなものを徹底排除した。当家のゴミは他の清掃員が回収しているので、袋にあまりパンパンに詰めないでゴミを出している。パンパンだと掴みにくいからね。他の清掃員のことまで考えて極限までゴミを減らした上に、不快になるような物を入れない。ここまで努力をして出したゴミは、もう松のゴミと断言しても良いだろう。

楽しかった。

一円単位で節約しなければ、すっ転ぶような生活をしていたので、苦しい中にも楽しみを見つけなければ生きていけなかったのも事実だ。もっと言うと、苦しむことすら楽しまなければ、爆発しそうだった。子どもを育てて奥さんを食べさせるには厳しい世の中だ。もし節約をしていなかったら、どうやって生活をしていたのだろうと不思議にすら思う。

松の高級住宅のゴミを真似していて良かったと心から思う。

あっぶねぇ。出産費を稼いだらそれで終わりじゃなかった。子どもが大きくなった時のことを考えれば、少しでも手元に金を残しておきたい。今の金とこの先の金を一円でも多く集めろ。目の前のゴミを回収しながら、俺は超一流のゴミを真似しているから大丈夫と自分に言い聞かせていた。神頼み。いや、ゴミ頼みか？

でも不思議ね、ゴミを減らそうとすると、使ったつもり貯金に小銭が貯まる。松金持ちの修行僧のようなゴミにも感じたが、金の使い方とゴミの量や質は、相関関係にあるのかもしれない。お金持ちは、僕の貯金箱のでっかいバージョンを持っているのではないかという仮説。

金があることは自信になるね。いざという時に俺にはこいつがあるんだぜと、貯金箱の小銭をジャラジャラ言わせていたら自信が泉のように湧く。実際、急な出費が必要なときは、蓋を開けてテーブルの上に小銭をバラまいて、持っていっていいよと妻に言った。何で覚醒するんだっけ？と僕を指さして笑った妻に言い返したい気分だったが、それは黙っておいた。

僕のゴミ覚醒計画は一年後、その実践とは関係なく、一つの実を結ぶことになる。有吉弘行さんと伊集院光さんなどの先輩方に手助けいただいて前著『このゴミは収集できません』を出版するに至ったのだ。ゴミ覚醒計画の成否はわからないが、妙にゴミに詳しくなって、結果的に今もゴミの話をしている。オールオッケーということでいいっすか？

一応、楽しく暮らしています。

玉の輿に乗る方法

僕はお笑いで、女性タレントにもアドバイスをする。

ラジオをやっているので、女性タレントと話す機会が多い。その中には、将来金持ちと結婚したいというタレントがいる。僕はこの手の、好感度を気にしていない女性タレントは、嘘なく話してくれるのでわりかし好きである。だから、彼女たちには好意から、金持ちの性質を理解せよと伝える。

「金持ちに好かれたかったら、金持ちに好かれる人間になるといい。金持ちは淡々と生きている。そこには信念がある。金のかかる女だと思われたら、遊ばれることはあっても嫁にしたいとは思わないはずだ！　結婚したかったら、その人にとってプラスになることをマスターせよ。癒してあげる、じゃ駄目だ！　癒す女はいくらでも代わりができる。金になるか、彼の仕事にとってのプラスになる知識を持つか、とにかく代わりのいない女性にならなきゃ選びはしない。美味しいものを食べさせてもらおうというのは二流だ！　一緒に頑張って美味しいものを食べましょうにならないと、淡々と生きているのに、散財される疫病神だと思われておしまいだ！　金持ちのゴミを見て勉強せよ！」

こう言うと、大概は眉間にしわを寄せて涙目になるので、世を渡っていくのはとても難しい。まぁ若い頃はアドバイスをされるのは嫌うものだしね。狂人を見る目でこっちを見るので、こっちもまた狂人を見る目で見てやっている。

「なんでゴミ分別までやらなきゃならねぇんだよ」にお答えします

僕はゴミ清掃員になるまで、世の中の仕組みを全く理解していなかった。ゴミ清掃員になって初めて知った。何事も皆目見当つかずで行動していると、右にぶつかって左にぶつかって、あー痛てぇと、そこで飲んで食ってチクショウと叫んで寝ていた。

その話も、少しだけさせてもらいたい。

取材してもらったものがネットニュースなどに載ることがある。そこで、ゴミを分別しましょうね、ゴミ自体を減らしましょうねー的なことを言うと、時折、こんな意見、もしくはこれに近いコメントが放り込まれる。

「税金払って、法律守って、朝から晩まで労働しているのに、なんでゴミ分別までやらなきゃならないんだ！　税金払ってるんだから、お前らがやれよ」

あまりにもストレート過ぎて笑っちゃう。

わかる。言おうとしていることはとてもわかる。

仕事めっちゃ大変なんでしょ？　俺も時折、めっちゃめっちゃハードな仕事をするから、その気持ちはわかる。ゴミのことまで考えたくないんですよね？

この本を読んでくれている人はもうわかると思うけど、僕の言っていることは、ただ単純に広告機構のCMのようなマナーの話ではない。

税金払ってる↓俺も、俺も！　キツいよな、こんなに取る？　とか思うもんね。

法律守ってる↓守らない人もいる中、人に迷惑をかけないだけ素晴らしい。歳取ったから本心でそう思う。

朝から晩まで働いている↓お疲れ様です。俺よりハードかもしれないね。働くことの大変さは本当に身に沁みるほどわかる。人は何故働くんだろう？　とか考えることあるもんね？

それなのになんでゴミ分別しなきゃならないんだよ↓今から話すね。

税金払って、法律守って、朝から晩まで働くことは、当たり前だけど、とても大変なことだ。中には法律を破って儲けている人がひょっとしたら知り合いにいて、真面目に働くのが馬鹿馬鹿しいと思っているのかもしれない。でも皆それをやって生きている。社会の中で生きていくことは立派だから崩してはいけないと思う。でも苦しい。なんでゴミ分別しなきゃならないんだよという気持ちになる。

でもその気持ちの一部でも変えないと、恐らく一年後も同じようなことを言っている自分の姿が見えないですか？

僕がさっき話した金持ちゴミの模倣は、生活の何かを変えたかったのただ一点。

このままだとずっと同じ、苦しい生活が続くと思ったから。もう嫌だから、神頼みみたいにゴミを変えて、全情熱を注いでみた。僕はね、僕の場合はね。税金払って、法律守って、労働していることは立派だから変える必要はない。その文章の中の何かを変えるならば、ゴミを分別してみた、なら簡単でしょ？

ただ単純にリサイクルしましょうではなく、一度ゴミに目を向けると、じゃアレもそうか、こういう考え方もできるなって、連鎖で生活は変わっていくと思うんだよなー。生活って習慣でしょ？　前向きに習慣を変えるのは楽しいと思うけどなー。超一流金持ちのゴミの真似、おもしろいよー。

僕はゴミ清掃員になって、こんなことを知れて本当に良かった。

6章

今日から役立つ!?
ゴミ清掃員の仕事術

常にドキュメンタリー撮影中

ゴミ清掃を通して、考え方を改めなきゃなぁと反省し、生活を変えたことは嘘偽りなしの真の真で、これまでに書いたことは、選び抜いた素材をさらに厳選して、品定めをしてご提供させていただいた真実である。しかし、な〜んにも考えずに回収する日は沢山ある。いつもいつも何かを得てやろうと目をバッキバキにさせて仕事をしている訳ではない。というか、苦痛を回避するため他のことを考えていることが多い。

なにより、苦痛回避術を身につけないと過酷な日は仕事にならない。

自然の猛威は、ザ・残酷ショーだ。

命あっての労働だ。

夏は焼かれた上に蒸し焼きにされ、立っているだけで息切れするのに走って回収する。冬の雪は、自分の意志とは関係なく奥歯をガチガチと鳴らせ、欠けるのではないかとさえ思うことも。息を吸うのも冷たすぎて嫌になるが、それでも吸わない訳にはいかないので、鼻で呼吸をすると鉄の棒を突っ込まれたのではないかと錯覚するほど、冷気は凶器だ。

ゴミ清掃の七難八苦は前著に詳しく書いているのでさらりと振り返るが、雪が降れば埋まったペットボトルを探し当てるために、かじかんで痛くなった手をドリルのように突っ込んでギャーと叫ぶ。清掃車が雪にはまれば、「せーの」と声を張り上げて押さなければならない絶望感。動かない象を押しているようだ。

数々の修羅場を乗り越えてきた屈強な男達にとっても、降り注ぐ六月の光は厄介で、体が暑さに慣れておらずバタバタと倒れる。それでもまだトンネルの中にいたのかと我に返る七月、八月。交差点の横断歩道の白いラインが目を開けてられないほど眩しく、太陽とアスファルトから熱が襲ってきてサンドイッチされる。

こんな時にゴミから学べるものはないか？　と考えられる人間は、もう京極夏彦の考える妖怪だ。そんな人間はいない。

こういう過酷な現場で必要になるものは、自分にとって都合の良い現実逃避をいくつ持っているかだ。

全部真面目に受け止めていたら、ぶっ壊れてしまう。たったひとりしかいない自分を大切にしよう。

例えば、強風にあおられたぼたん雪が顔面の熱を奪い、呼吸すら危うくなった、とする。僕はここで儚い人生だったなぁとは決して思わない。

――そうか、そうか。今日も密着取材が来ているんだったっけ……後ろからカメラで撮影しているから、あまり意識しないようにしよう――

僕は後方からカメラに撮影され、ドキュメンタリーを撮られているように本気で思い込む。やっぱり『プロフェッショナル』だろうか？

空想は細かければ細かいほど、モチベーションがあがる。黒い合羽姿の三十歳手前のメガネをかけたディレクターはメガネに雪が積もり苦戦している。五十歳前後の口ひげをたくわえたカメラマンも苦しそうだ。音声さんは女性だ。寒いので体が冷えないように気をつけてほしい。

しかし今は、番組にとっては大チャンス。僕がゴミ清掃でくじけそうになっている。番組にとっては壁や困難は蜜の味。ちゃんと撮れてる？　カメラマンさん？　と思うが口には出さない。ピンマイクが拾ってしまう。あれでしょ？　僕が、辛い目に遭えば遭うほど、VTRが盛り上がるんでしょ？　と思いながら、あがりそうになる口角を我慢し、あえてカメラを意識しないようにゴミを回収する。

「ヒャーーー、今の俺カッコいい」でも、悟られてはいけない。VTRで使えなくなってしまう。あくまでもクール。

淡々と回収してますよー、というのがカッコいい、……という俺の価値観。

辛いことが起こる度に、僕はそんな妄想をしながら、現実となるべく向き合わないようにしている。現実と向き合っては飲み込まれてしまう。

そんなことを想像しても、ぼたん雪は手加減しない。風を切る電線がビューーーという甲高い音を立てて揺れている。ぼたん雪が頬をビンタするようだ。

僕はさらに想像を膨らませる。

インタビューだ。

全然わからないけど、燕尾服を着て、普段しない蝶ネクタイをしておめかしをしている。きっと僕は何かの大仕事をしたに違いない。

インタビュアーは満面の笑みで僕に質問をする。

——現在も清掃員として働いてらっしゃいますけど、いろいろな場面で相当苦労をなされたのではないですか？——

僕は当然クールに言う。

「いや、雪の降る日は辛いこともありましたが、清掃員として当然の仕事をしたまでです。それに、その日大変だったのは僕だけではなく、全清掃員みんな大変でしたから」

なーんて、少し口角をあげて喋っている。

ここで回収シーンを挿入。すぐにスガシカオを流す。滝沢とスガシカオは妙に親和性がある。ぼたん雪が降っているにもかかわらず、テンションがあがる。君らが暴れれば暴れる程、僕は酔いしれる。

本当はこんなことを考えているなんてダサいから言わない方がいいが、清掃員になった頃から、どう思われようと知ったこっちゃないと思っているので良しとしよう。

エロに費やす時間無限大

どうせ仕事をしなければならないなら、どうやって苦しみから抜けるかばかり考えている。なので、苦しいときにはエロいことを考えるようにしている。苦しさに比例してとんでもなくエロいことを考えると時空が歪む。エロに夢中になっていると僕が今どこにいるのか、どっちが天地かわからなくなる。僕が何歳かもわからなくなる。しかし何を考えていようが、言われたゴミを全て回収すれば、問題ないはずだ。

苦しくなってきた時、頭の中で大体計算する。あと四時間は回収しなくてはならない……え⁉ あと四時間エロいこと考えていいの？ と得した気持ちになる。逆転満塁ホームランだ。

ただ問題なのは、清掃車に乗る度にエロいことを考えていたせいで、「パブロフの犬」みたいになって、清掃車に乗る度に興奮してくるのだ。

よく人に、清掃員は大変でしょう？ と言われるが、むしろ清掃車に飛び乗りたいとすら思っている。休みの日に街で清掃車を見かけると、乗っている人ズルいなぁーとすら思うし、ちょっと自分で自分を怖いと思う程だが、乗っている人にほんの少しだけ嫉妬しているのだ。


鼻栓はいるかもね…


臭いに負ける者もいる。

年の頃、二十四、五歳の青年と一緒になった時だった。

「へぇー、俳優志望なんだ。今日から？」

「はい、いろいろと教えてください！」

「いやいや、俺が教えられることなんてないよ。ゴミを掴んで放るだけ。あとは堪える。その一点」

「ガッツだけはあります！ 要領悪いところがあるんですけど、一生懸命頑張ります！ 何か間違えているところがあったらガンガン言ってください!!」

「いいねー。根性ありそう！　スポーツか何かやってた?」

「いいえ、自分は学生の時から演劇部でした。逆に言えば、芝居を続けるためだったら、どんなことでも頑張ります」

「頼りにしてるよ！　俺の分まで頑張ってよ」

　本当に頼もしかった。キラキラしてたし、未来を感じた。何がいいって、今を一生懸命頑張っていつか自分のやりたいことを成し遂げようという気概が見えて、気持ちいい。僕はもう一度、頑張ってと言った。

　ゴミ清掃は初めてということなので、ざっと説明して回収にかかった。しばらくするとオエオエ言い出した。見ると色男が台無しになる程、顔を歪ませていた。

「オエーェェェェ、オエーェェェ」

　無意識にボタンを押して動いていた回転板を見ると、清掃車が大きく口を開けていて、清掃車の中が見えている。少し前に飲食店のゴミを回収していたものだから、中が生ゴミだらけだ。

「オエーェェェェ、オエーェェェ」彼は涙目でこっちを見ているの。僕は数年やっているので、感覚が麻痺しているが、確かに初めての人には衝撃的かもしれない。

　ゴミ清掃を始めて、僕は三十分で慣れた。最初はなかなか大変な臭いだなぁと思ったが、いつの間にか気にならなくなった。人間の適応能力とはすごいものだと自分の鼻に感心したものだ。慣れなきゃ生きていけないもんねと自分の鼻を撫でてやったが、清掃工場で、他の可燃ゴミの車とすれ違うと臭く感じて、同じ可燃ゴミでもそれぞれの車で臭いが違うもんだと思った。言ってみれば、友達の家に遊びに行ったら、独特の臭いがするが、三十分くらい経つと気にならなくなる。それみたいなもんだ。

しかし、目の前の俳優さんは一時間経とうが、二時間経とうがオエーェェェェと言っている。清掃工場にゴミを捨てに行く時も、必死で我慢してオエーェェェと言うのを懸命に抑えていると感じた。話しかけても鼻声なので、口で息をしているのだろう。一度、鼻についたらおしまいね。もう臭いから逃げられない。

後日、気になって彼のことを何人かに聞いたら、あいつ辞めましたよーと教えてくれた人がいた。そうね、若いし、まだまだ仕事は幾らでもある。他に仕事があるのなら、無理してやることはない。しかし芝居をやるためには、どんなことでも頑張るとキラキラしたあの顔は忘れられない。

この場合の回避術はシンクロで使う鼻栓みたいな奴だ。それと清掃車の中を見ない。とてもシンプルである。臭いを精神論で跳ね返すなんて馬鹿げている。

今さらだけど、挨拶って最強だぜ説

僕は先回りして挨拶をするのも労働リスクヘッジだと思って実践している。

この八年間、数え切れないほどのクレームを浴びてきた。

中には理不尽極まりない言い分のものもある。その人はきっと地獄でベロを抜かれ焼かれるだろう。しかし、そうなるにはあとしばらくは待たなければならない。まぁ現世でも何かしらわかりにくい形で自分に仇が返ってくるのだろうが、僕はそれを見て、そら見たことかーと指をさしながら笑うことはできない。癪《しゃく》だ。

だとすると、理不尽なクレームを未然に防ぐことこそ最善の防衛策だと思って、前のめりで挨拶をしている。

クレームは知らない人にぶち撒けるパターンが一番多いからだ。

なので、なるべく顔見知りを作って、世間話のひとつでもすれば、クレームは絶対に減る。

「暑いですねー」

「ほんと。あんたも気をつけてよ、熱中症」

「ありがとうございます！　お気遣い嬉しいです！」

……なんて会話をした人が「おい、てめー。今日なんでいつもより早く回収に来たんだよ！十分早かったぞ！」なんて、後々電話をしてくることはあまりない。

わかっている。クレームを入れる人は会ってもいない人だ。だからこそ、である。しらみ潰し。草の根作戦。どーせこれからも働くんだから、顔見知りをひとりでも増やして、クレームを入れそうな危険因子を前もって除去しておく。なので僕は、草むらの葉っぱ全てをめくるつもりで、「おはようございまーす」とロボットのように繰り返す。

たとえこっちに不備があったとしても、あいつがやったのかぁと思えば、手にとった受話器も置くのではないかという同情作戦。もしそれでも電話をしてくるのであれば、それはそれで本望。ありゃヤベー奴だな、と心の中で割り切れれば、ダメージも少なくて済む。堂々と嫌いになれるようにしておけば、精神衛生上、気持ちが楽だ。実際そんな人いないしね。

というのも僕は、ゴミ清掃の世界で挨拶の重要性というものを学んだからだ。

ゴミ清掃の世界に八年間いるが、大規模事業なゆえに、知らない人も多い。新人も入ってくるので、なかなか全員は覚えられない。

出勤した際、すれ違いざまに気持ちの良い挨拶をしてくれる人は感じの良い人だと思い込んでしまうので、人間なんて単純なものだ。一方、挨拶しても首を二ミリ程度縦に動かして何も言わない人は、怖い人なのかなぁと思ってしまう。だが、実際に一緒に仕事してみると、楽しい人だったりする。「あー、勘違いしてたなぁ」なんて思うのと同時に、この人は損をしてきたんだなぁと思う。

気持ちの良い挨拶をした人は今度、きっかけがあったら話しかけてみようかなぁと思うし、挨拶しない人はおっかなそうだから話しかけにくいと思いつつ、何かの機会でもなければ永遠に勘違いしたままとなる。人のふり見て我がふり直せ作戦。

まさかゴミ清掃を始めた三十半ば過ぎになって、自分の世界を変える画期的な方法が、嗚呼、朝の挨拶とは思わなかった。

これだってひとつの仕事トラブル回避術。

ゴミ清掃員、イチローになる

やれと言われていることだけをやっていると苦しくなるので、むしろこっちから仕事を迎えにいく。夢中になっているとアレがやってくる。

「ゾーン」だ。

スポーツ選手は、極限的超集中状態に入ると、圧倒的なハイレベルでのパフォーマンスを発揮するという。

ゴミ清掃員もゾーンに入る。

テニスでいうところの「相手の動きがスローモーションに見えて、やろうとすることが全てわかる」ように、僕も何度も体験している。イチローも言っていたはずだ。

集中していると、突然やってくる。

自分の腕が八本くらい生えているような感覚になり、自分の回収できるスピードを遥かに超えているとわかってはいるのだが、止められない。むしろ動けば動くほど気持ち良くなり、動かなかった腿が異常にあがり、息切れは激しいが、他人の息切れのように聞こえ、次のゴミが見えれば、吸い込まれるように一直線に向かう。集積所に着くと、ゴミに数字が浮かび上がり、八本の腕が番号通りに高速でゴミを掴む。1〜11まで番号通りに掴んでは投げる。これは滝沢の11球と呼ばれている。しかしただ単純な興奮状態ではなく、頭の中はどこか冷静で、違反ゴミがあれば、瞬時に判断して、騙せると思うなよと心の中で嘲笑う。まるで眉間に第三の目が開眼したよう。正確なのは脳だけではない。投げたゴミのコントロールも針の穴を通すよう。「次、ラストでーす」と相棒に言われると、「えーー、もっと回収しようよぉぉ」と心の中で駄々をこねそうになるのである。

僕の周りの清掃員も何人か体験したことがあるという。

「あるある！　足が車輪になるやつでしょ？」

「え？　足が車輪になるの？」

「ならへんの？　俺はいつも車輪になるで。逆に手が八本になったことないわー」と聞いた時には爆笑した。

「え？　肩甲骨のところに目がふたつ出てくるんじゃないの？　ちょうど羽のところに出てきて後ろの気配がわかるの」

違う人もそう言った。

みんなそれぞれのゾーンを体験しているんだなぁと、ゴミと闘った者同士の共感に肩を組みたくなった。しかし、中年同士が肩を組んでいるのは、端から見ると不快だろうからやめた。

再現性の確率が低いので、実用化まではまだ少し時間がかかるが、それでも少しずつゾーンへの入り方はわかりつつある。

一、仕事にリズムがある。

二、集中しなければならない程、追い詰められた状態である。

三、仕事を熟知している。

四、ゾーンを楽しむ。怖がらない。
一つひとつ解説していたのだが、編集者に頭がおかしいのかと指摘されたので、条件だけ載せておいた。ゾーンに入るには、必ずこの条件が必要だ。

皆さんも自分の仕事で活用していただきたい。

挨拶して気持ちいいし、堂々とエロいことも考えられる。ゾーンに入ったところでディレクターがスガシカオを流してくれるので、最高に気分がいい。文字面だけ見ると、クラブで遊ぶ若者と同じことをしている感じがする。挨拶(ナンパ)して、エロいこと考え、音楽かけて、テンションがあがる。だから若い人はクラブ行くのか！

いや、違うか。休日に、清掃車に乗っている人に嫉妬なんかしないか？

今日の滝沢ニュースⅠ

滝沢がメディアでゴミのことを喋るので、ウチもちゃんとやらなければならないだろうと会議で話された結果、現在太田プロは、ゴミ分別を熱心にやっている。

7章

偏見にまみれたゴミ清掃員

ささやき清掃員事件

「おい、『ゴミ屋』どけよ！」と言われたことがある。

ゴミ清掃車が道を塞ぎ、通り抜けられないことに腹が立ったのだろう。そんな場所に限って細かく集積所がある。待たせてはいけないと思って、ペコペコしながら、なるべく急いでゴミを回収する。心から悪いなぁと思うも、この一本道を抜けるまでは仕方がない。休まず手を動かし続ける。

チラッと後方を見ると、小さな渋滞となっている。

痺れを切らした人が車から降りて、僕らのところまでやってきて直接文句を言った。

「おい、『ゴミ屋』どけよ。『ゴミ屋』がなんで俺を待たせるんだよ。ここに並んでいる奴、全員そう思っているぞ！」

僕はいつも、「すみません」とは言わず、「ご協力ありがとうございます」と言うように心がけているが、ピンチ。いつも言っていないので、とっさにすみませんという単語が出てこない。

先輩清掃員が、僕の後ろで「すみませんって言え」とささやくので、「すみませーん」とオウム返しをして頭を下げた。

「船場吉兆かよ！」と言いそうになった。危なかった。

僕が今ここで文章を書けているのもあの時、そう言ってぶっ殺されずに済んだおかげだ。この場合、誰にぶっ殺されるのかわからないが、目の前の山賊のような男か、ゴミ清掃界のささやき女将にメッタメタにされていただろう。

僕はここでの山賊の言葉を、「ゴミ清掃をやるような連中が一般庶民を待たせるなんてどういうつもりだ？」というような意味にとらえた。

それはそうと、先輩清掃員も気づいたのなら自分で謝ればいいのにとも思ったが、あれだけブチ切れている人を目の当たりにするとめちゃめちゃ怖いので、ささやく気持ちも少しわかる。あれは山賊の中でも相当ランクの高い山賊だと思う。

ガラガラヘビにからまれる

こういうことは年に数回ある。

山賊とは別にこういう人もいた。

「おう、『ゴミ屋』、おおう、『ゴミ屋』よぉー、どこに目をつけてるんだよ。ここにゴミあるだろうがよぉぉ！」とガラガラヘビでも現れたかと思ったら、住民だった。

こっちは粗大ゴミ回収に伺い、品物が見つからないので、チャイムを押しただけである。

相撲で優勝のかかった大一番の力士のような気迫だった。時代が時代なら、鳴かないホトトギスは殺しまくっているのだろう。やはり日本は拳銃の所持を絶対に認めてはならない。当然、借りた金は踏み倒すタイプの人間だが、仕事なら接触しない訳にはいかない。虎の尾を踏む覚悟で話しかける。いや、粗大ゴミどこですか？　って聞いただけだよ。ハリセンボンのトゲが出ているような背中を見ながら付いていくと、その粗大ゴミはゴミボックスの隙間に置かれた板であった。いやいやいや、絶対にわからない。これに気づく清掃員は、全国探してもきっと皆無。ゴミ清掃事業の長い歴史の中でひとり正解できたかどうかであろう激ムズ問題である。

「『ゴミ屋』がなんでゴミわかんねぇんだよ？『ゴミ屋』のくせによ！『ゴミ屋』が俺の時間を使うんじゃねぇよ」

山賊と並べて、どちらの気炎の方が優勢か比べてみたいほどだったが、意外とその時には冷静に観察していた。

売り言葉に買い言葉であれば、こちらもヒートアップして腹も立つだろうが、出会いざまにマックステンションだと呆気にとられる。

こういう時、僕はどうしても人間の品定めをしてしまう。品格と言ってもいいだろう。感情が振れた時にどういう言葉を使うのかが、その人の根っこのような気がする。

昔、付き合っていた彼女に喧嘩の終盤で、「私だっておじさんと付き合っているのをずっと我慢しているんだから！　友達に会わせる度に恥ずかしいと思ってる‼」と罵られたことがある。こりゃ喧嘩の範疇超えてるなと思った。当時わたくし二十五歳、彼女二十歳。え？　普段からそう思ってたの？　ずっと？　そんなふうに思われていたなんて露ほども思わなかった。二十五歳だよ？　ハンマーで殴られたような衝撃を受け、カニのように泡を吹いてぶっ倒れた。

これを滝沢史で「おじさんの変」と名づけて、えーっと、あの時の思い出はおじさんの変の前の話だったかなぁ……と、おじさんの変の以前と以降に分け、基軸にしているくらいだ。

そんなことはどうでもいい。山賊とガラガラヘビの言葉から潜んでいる内面意識を読み取った。職業の序列意識だ。

彼らは怒鳴ることで、鬱積したストレスを発散させるが、なるべくならこの清掃員に致命傷を与えたい。自分の思いつくボキャブラリーの中で最も汚い「ゴミ屋」という言葉で罵ろうというのが透けて見えた。

普段、僕らは自分達のことを指す時に「ゴミ屋」と呼ぶが、この職業に就いていない者がそう言う場合には、こちらを踏みにじろうとする意図が見える。

しかしながら、おばあちゃんがゴミを持って「『ゴミ屋』さーん、待ってー」と言われても全然腹が立たないから、言い方と文脈ではあることは付け加えておきたい。

見えないふりをされるゴミ清掃員

罵声ではなくても、序列意識があるとはっきり確信した出来事があった。

始めて三年ほど経ったある日、老齢の男性が僕らに聞こえるようにこんなことを言っていた。隣に住んでいるだろう老齢の女性にカッコつけている。

「『ゴミ屋』なんて何回も回ってくるんだから、そこら辺に置いておけよ」

そう言って、老齢の女性から不燃ゴミを奪った。

「回ってこなかったら、来させればいい。俺が電話してやるよ」と、手に持った不燃ゴミをアスファルトに放ったのであった。

その日は粗大ゴミ回収で、僕はたまたま通っただけだったので、担当は不燃ゴミではなかったが、明らかに僕達に聞こえるように言っていた。ゴミを拾わない僕らに不思議そうな顔をしていた。きっとこの老人にとってゴミ清掃業者は全部一緒なんだろう。僕はゾッとした。こういう人が世の中には確かにいる、と思わせるような行為だった。

この本を手に取って読み進めてくれた人に、そんな考え方の人はいないだろう。「職業に貴賤なし」という言葉があるが、その意味を把握していない人はまずこの本を手に取らない。

僕のもうひとつの仕事はこの本を読んでいない人にどう知ってもらうか？　ということだと勝手に思っている。

……というのは、芸人をやっていると、いや、とりわけ売れていない、もしくは始めたての頃、「芸人のくせに」という言葉を嫌と言うほど、浴びせられた。今から二十年前はそういう時代であった。一発ギャグやれ、ものまねしろと飲み会で言われて断れば、芸人のくせにそんなこともできねぇのかよと軽蔑した目で見られた。面白い話をしてー、面白くないー、芸人なのにー、芸人のくせにもう飲めねぇのかよ！　などなどゲボが出るほど言われた。俺がつけ込まれやすいタイプなのかと思ったら、周りの芸人もよく食らっていて、地獄のあるある話で盛りあがったものだった。

下でいい、別に下で構わないが、経験があるからこそ序列意識には敏感で、この肌感覚には確かな自信を持っている。

僕は世の中から「〜〜のくせに」という言葉が無くなればいいと思っている。「〜〜のくせに」という言葉がつけば、だいたい腹が立つ。男のくせに？　女のくせに？　子どものくせに？「〜〜のくせに」という言葉には悪意がついてまわる。大概ヒステリックに飛び出すものだが、場合によっては潜在意識の中に序列が潜んでいることもある。

ある大手新聞社がその昔、「教師からゴミ清掃員まで」という記事を出し、問題になったことがあった。事前に記事をチェックする人が止めなかったことも含めると、より大きな問題のような気もする。「〜〜まで」という言葉がつくと一番下という表現になる。恐らく記者は何の悪意も持っていなかった。だからこそナチュラルに普段から序列をつけていたのかもしれない。

僕は昔から職業に順番はないと思っている。もちろんやりたい仕事としてお笑いが一番やりたいと思う気持ちはあったが、仕事自体の優劣はないと思っていた。

なので、ゴミ清掃を始めた頃、年輩の清掃員がこんなことを言うのを、不思議に感じていた。

「俺らは人目についちゃいけねぇ仕事だからよ」

卑屈に思っているのか何なのか、理屈がわからなかったが、僕はそんなものですかねぇ？　と話を合わせた。そう言いながら、心の中では考え過ぎなんじゃないかぁと思い、自分がゴミ清掃を始める前は、この仕事をどうとらえていたかを思い返した。

あまりイメージがなかった。

そういえば、まじまじ見るのは良くないのではと思って、あまり見ないようにしていた。

正確に言うと、臭いなぁという気持ちを顔に出したら悪いので、急いで通り抜けていた。これだけ生活に密着している仕事なのに、何も知らないというのも不思議なものだ。

そう思い返してみると、見てきた景色がガラリと変わって見えてくる。

こんなに大きな車に乗って、堂々と回収しているのに、街ゆく人達と目が合わない。まるで僕がその場にいないかのような錯覚に陥った。自分が透明人間になったかのように思うのは生まれて初めてだった。

年輩の清掃員にそれを話すと、「そうか？　それは滝沢君が芸人をやってるからじゃねぇ？」と言われ、しばらく考えると合点がいった。人の注目を集めるお笑いをやっているからこそ覚える違和感だった。

人の注目をいかに浴びるかだけを考えて生きてきたので、まるで見られないという視線に初めは驚いたのだ。だが、もっと驚いたのは、ゴミ清掃を始めるまで、僕自身も清掃員を見ていなかったことに気づいたことだった。

それまで僕は、ゴミ回収をしている場面に出くわしても、なるべく嫌な顔をしないように心がけ、「何事もないですよー」顔で、見ないふりをして通り過ぎていた。これと全く同じ態度を受けている。

なくなっていい仕事なの？

しかし、だからと言ってまじまじと見てほしいというものでもない。

ゴミ清掃は公の仕事だから、隅から隅まで見られていると思って従事しろと、よく会社の朝礼で言われる。

不思議なものだが、透明人間のような錯覚には陥るが、厳しくチェックされているという妙な感覚をゴミ清掃員は感じている。

山賊やガラガラヘビ以外にも理不尽なクレームはある。

「ゴミ清掃車はこの道を通るな」

でも我々はその道のゴミも回収しなくてはならない。常勤で働いている人は、その道の各家庭のゴミを手で持って何度も運ぶ。清掃車を集積所につけられるのは嫌でも、ゴミは排出する。

「回転板の音がうるさいから、ここではボタンを押してはいけない」

でもゴミは排出する。理由を聞けば、最近夜勤に変わったから、朝は寝ているということだ。

両者とも剥いて剥いて芯を覗けば、最終的な言い分は、税金で飯食っているんだから、従って当然だろうというカードを用意している。でもそのカードは無効だと思う。

もしゴミ事業をやめて、その分の税金は違うことに回しましょうとなったら、国としてはラッキー以外の何物でもない。年間約二兆円※もの予算を費やして、赤字にしかならないゴミ事業が無くなれば、悩みの種がひとつ無くなる。何だったらその分、税金を還付いたしましょう。家庭から出たゴミは各々、ダイオキシンの出ない小型の焼却炉を買って燃やしてください。灰は庭に埋めてはいけませんが、コンクリートで底をひいて雨で流れないようにすればオッケーです。換少しでもお金にしたいなら缶とかびんとかリサイクル業者に持っていったらいいですよー。

※平成30年度の廃棄物処理事業経費は20,910億円。環境省ホームページ「一般廃棄物の排出及び処理状況等（平成30年度）について」より

金されますんでー。ゴミ燃やすの面倒だと思いますんで、なるべくゴミの出ない生活をするでしょうから、願ったり叶ったりですよー。でも不法投棄したら、捕まえますよー。衛生面でも防犯面でも見逃す訳にはいかないですからねー。焼却炉を置けない家庭はゴミ業者と契約してくださいー。でも生活に絶対に必要なものですから、きっと業者も足元を見て、どんどん値上げしていきますけど、仕方がないですよねー。楽になりました。あざーすっ！　となる。

僕らは労働の対価として税金から給料をもらっている。できるだけ心地良く住民の皆さんには過ごしてもらいたいと思っているが、うちの店に是非寄ってくださいという営利を目的としたサービス業とは違う。理由によってはできる限りのことはするが、税金を横領している訳ではないので、理不尽な要求全てを飲み込むことはできない。

おばあちゃんがゴミ重いから持っていってよーというのは喜んで運ぶ。困っていることがあれば、手助けするのは僕らとしても嬉しい。人の役に立つってやってみると楽しい。

これはゴミ清掃だけの話ではなく、仕事の内容とそれに見合った報酬を何の引け目もなしに、堂々と受け取れる時代にしたいと思っている。

「俺はゴミ清掃員」と言えなくて…

清掃員として働いている人の中にも意識を変えなければならないと、気になる点があった。

「僕、彼女に清掃員だって言ってないんですよねー」

「え？　どういうこと？　なんで？　そんなのバレるじゃん？　この先どうするの？　ってか、何て言ってるの？」

「いっぱい聞かないでください。俺もどうしようかと思っているところなんですから」

その若い清掃員はパニくった顔をした。

どうやら話を聞けば、マッチングアプリで会った彼女にカッコつけたくて、広告代理店で働いていると、嘘をついてしまったという。清掃員だと好かれるものも好かれないのではないかと怯えて、自分の中でカッコいい職業ならと考え、咄嗟に出てきたそうだ。そこから広告代理店はどんな仕事か調べたというのだから、爆笑した。彼女への愛情を感じたが、果たしてそれは愛情なのか、とも思った。自分が可愛いだけの気もするが、真剣に悩んでいるので、そこまで詰めたら可哀想だ。

それを聞いていたドライバーが、フォローのつもりかこんなことを言い出した。

「あー、昔からそんな奴いたよ。家族にゴミ清掃員だと言わないで働いていたって話聞いたよ。だいぶ昔だけどね」

「家族に？　無理あるでしょ？　なんでバレなかったんだろう？　制服の洗濯とかどうしてたんですか？」

「たぶん、清掃事務所で洗濯してたんでしょ？　ジュエリー関係だと嘘ついてたらしいよ」

「ジュエリー関係、そんなに朝早くないでしょ？」と言うと、運転手も爆笑していた。

「ってか、ジュエリー関係ってなんですか？」

「俺に聞いたってわからないよ。直接喋った訳じゃないんだから」

ここにも序列の意識があったと僕は思った。様々な理由があるのだろう。恥ずかしいとか子どもがいじめられるとか、きっと僕にはわからない理由があったのだ。昔は今よりも偏見が強かったのだろう。時代もある。しかし、その意識が世間からなくなれば、成熟した、いや新しい世界への入口に立つのではないかと思う。


「生まれ育った街のために働きたい」


確かにゴミを回収していると、驚くような出来事に声が漏れることもある。

子どもが後ろから臭ーいと大声で言った時だった。いつものやつか、はいはいこのパターンね、と振り返ると、子どもは母親と手を繋いでいた。

心の中で、母親と一緒!?　と思ったのだが、次の台詞で腰が砕けた。

「ねぇー、臭いね」

母親が言ったので、僕は八度見をして、清掃車のバケットに向かって「今時いるのかよー」と言って回転板の騒音で掻き消した。「王様の耳はロバの耳ー」と叫ぶ気持ちがわかった。令和版のロバの耳だ。親子は何も気づかないまま去ってしまったが、心底驚いた。

僕も子どもの頃、清掃車が通った後、臭ーいと言ったことがある。しかし、直後、親から思いっきり頭を叩かれた。

うちの親はボキャブラリーが少ないので、「そんなこと言うな！」としか言わなかった。でもきっと、こうやって働く人がいなかったら、我々は普通に生活できないんだぞということを意味していたのだと思う。

子どもはこれから学ぶとして仕方がないが、大人である親がこの感覚だと、より良い社会を形成できるのかと不安になる。こういう現実を目の当たりにしたゴミ清掃員は少なくないだろう。彼女や家族に隠したりする人がいても、不思議ではない気がしてきた。

しかし、僕はまた、心が震えるほどの志を持っているゴミ清掃員に会ったことがある。

「僕はこの街で生まれ育ったので、この街が大好きなんですよ。だから僕はこの街を綺麗にし続けたいんですよー」

そう言った青年清掃員を、僕は正面から見ることができなかった。

考えてみれば、妻が出産するにあたり、お笑いで食べられなくなった僕は、お金のためにゴミ清掃員になった人間だ。彼がまぶしかった。僕は自分の安全靴を見ながら、「あー、お、俺もきっかけは、そ、それに……近いかなぁ」と言った。口が曲がりそうになった。世の中には僕より若くて立派な青年がいる。

僕は金のために働き始めた人間だから何を言われようが、甘んじて受け入れよう。ただこの青年のように、この街が好きだからとか、人の役に立ちたいとか思い、希望して始めたゴミ清掃の現場で、身勝手な理由で彼を振り回して、挫折させたくない。ま、きっと志の高い彼のことだから、何があっても乗り越えるだろうが。その「誇り高き労働」を無形文化財に推薦したい。

ひとりでも多くの清掃員が彼に好影響を受け、普段の労働の積み重ねが世間に伝われば、序列は次第になくなるのではないかと思う。こちらが変われば世間もとか、世間が変わればこちらも変わるとかではなく、同時に良い方向に進むことを切に、本当に、マジで願っている。

誇りのエベレスト登りたいね

そろそろこの章の結論を述べたい。

職業に序列がないと思っているのならば、じゃ何なんだ？　という結論である。あら、もうお忘れかしら？

忘れたのならばそれでいいけど、前著では、小学校の図書室に大量に入荷してもらったみたいなので、僕は子ども達に話そうと思う（小学生に読ませるのに、ペットボトル資源にテンガを入れるなよとか書いたけど、いいのかしら？）。

僕は仕事に序列はないと思っている。順番ってことだね。そんで良し悪しでも優劣でもないと思っている。職業によって劣等感や優越感に浸るものでもない。それは仕事だからだ。労働の対価でお金をもらうことが働くということだ。

僕は仕事は役割だと思っている。

社会の中に組み込まれている仕事は誰かがやらなくてはならない。そのひとつの役割を担っている。必要のない職業はなくなっていく。だから今ある仕事は、絶対に誰かがやらなければならない。ひとつでも欠けると今ある社会が成り立たなくなる。だから働くこと自体が社会に貢献していると思って問題ないと思う。やりがいだとか生き甲斐だとかは自分で見出すもので、その職業が与えてくれるものではないから、その辺は気をつけて。

反社会的な仕事以外だったら、どんな仕事に就いても堂々と誇りに思っていいよ。この街を綺麗にし続けたいって言っているお兄さんカッコよくない？

働くだけでも立派だけど、この仕事で〇〇したいと言える日が来たら、もう誇りのエベレスト。それ以上はない。

もちろん無くてもいいよ。僕の仕事はこれですと言えて、一生懸命働いているならば、自分ではそう思ってなくても、僕から見たらそれはもう、役割に誇りを持っていると思うよ。

今日の滝沢ニュースⅡ

テレビで、ゴミ袋から包丁が飛び出してきたことがあると話したのを受けて、帰宅後、四歳の娘から「おかえりー、テレビみたよー。ほうちょうあぶなかったねぇ」と言われ、割と救われた。

8章

ゴミ清掃員の推しメン登場

「おはようございマスターベーションーーーー!!」

僕がゴミ清掃にハマったのは紛れもなく、先輩方のおかげだ。笑う門には福来たるとはよく言うが、とにかく笑っちゃう。僕にとってはとても居心地が良い職場だ。

僕は端っこながらも二十二年間、お笑いを続けているので、あらゆる種類のお笑いの型は見てきたという自負がある。面白いと感じても心の中で「あーなるほど。そのパターンか！　やられたー」などの心の中の注釈が邪魔して、よじれる程大笑いすることは普段あまりない。

日常生活から逸脱している事柄やその人自身の面白味や悲しみが存在しなければ、腹を抱えて笑うことはない。

しかしゴミ清掃の仕事では、今日は何か飛び出すかなぁとワクワクしながら会社に向かう。

先日も僕を虜にする出来事があった。

朝いちの点呼でガラガラピシャーンと激しい音を立てドアを開けながら「おはようございマスターベーションーーーー!!」と叫ぶ先輩がいた。

何だ？　何ごとだ!?　と思って釘付けになったが、驚いたことに誰も何も言わない。皆、黙々と自分の仕事のチェックをしていて顔すらもあげない。まるで何ごとも起こっていないかのようだ。なんで？　普通、誰か何か言わない？

吹き出しそうになった。何でこの人、誰にも相手にされていないの？　やることがまるで子どもじゃないか!?　どういう種類のお笑いだ？　次々と疑問が湧いてくる。疑問が湧けば湧く程、腹筋がぶっ壊れそうになった。

後々、あの人は何歳だ？　と聞けば五十歳だという。五十歳のおじさんがまるで中学生のように、おはようございマスターベーションと言って、誰にも何も言ってもらっていない。これもまた緊急事態宣言ではないのか？　八割の接触を断っているのか？　いや、ここでは十割の接触を断っている。

静けさの勢いがハンパなかった。静けさの濁流と言っても過言じゃないだろう。息を漏らそうものなら一気に飲み込まれる。

アレか？　あえて面白くないことを言って、それで戯れるコミュニケーションか？　いや、だったら先輩も「ちょっと誰か何か言ってよ～」くらい言いそうなものだ。しかしその先輩は無言で胸を張ってゆっくり歩いている。胸は山のように隆起していた。目は墨を入れた後のダルマのように一点を見つめ、西郷隆盛とはこんな男だったのではないかと想像できる。

まるで誰もおはようございマスターベーションと言われてないような朝だった。あれだけのボリュームでおはようございマスターベーションと言われているのに、仕事の手を止めない。間違いなく先輩は決めにいっているボリュームだった。眉間にしわを寄せながら、部屋の四つ角を震動させていたので、狙ってないとは言わせない。しかし先輩の顔を見てみると、まるで何も言ってないというような顔をしているし、言われた方もおはようございマスターベーションと言われてないような顔をしていた。俺は夢を見ていたのか？

おはようございマスターベーションと言われていない顔をしていたと書いている辺り、僕があまり触れたことのないお笑いだということをわかっていただけたと思う。

日常を逸脱している。笑っちゃいけないという状況がひょっとしたら世界で一番面白いのかもしれない。

プチ整形に憧れる五十三歳男性

次に僕の推しメンを紹介したい。

この清掃員は歯に衣着せぬ言動が魅力のおじさん清掃員だ。この清掃員に会う日を、僕はいつも楽しみにしている。

先日もこんなことを言って僕を魅了した。

「僕、我慢してますけど、本当は金があれば顔を整形したいっす」

「整形？　え？　顔？」

「そうっす。この顔じゃなかったら、もっと別の人生があったはずなんっすよ」

「まぁ別の人生があったかもしれないっすけど、もういいんじゃないですか？　その歳までその顔でやってきたんですから」

「いいや、僕は絶対に整形したいんっす」

「整形するって言ってもどこ整形するんですか？」

「もう全部っす！　顔、全部変えたい。でもやっぱりまずは目だな。パッチリ二重にしたい」

目の前で話しているのはギャルではない。五十三歳のおじさん清掃員だ。僕から見たら普通のおじさんだ。そりゃめちゃめちゃダンディーとは言えないが、そんなに自分が言う程、顔に問題があるとは思えない。だっておじさんだから。皆はどう思っているのかわからないけど、僕はおじさんの顔はどっちでもいい。目の前のおじさんがパッチリ二重でもまつ毛が長かろうが短かろうがどっちでもいい。

でも本人は、神は何という試練を与えたのだという苦渋の表情を浮かべる。もう一度、念のために言っておくが、目の前にいるのは五十三歳のおじさんだ。

現場に着くと、「じゃ回収は八時からだから、ちょっと待機していて」と言ってどこかへ行った。しばらく車にいたが、トイレに行きたくなったので、コンビニで借りることにした。コンビニに行く途中、左手に公園がある。パッと見、トイレがなさそうな公園だなと思って、通り過ぎようとしたら、何かが引っ掛かる。画角が広いうちはどこかに違和感がある程度のものだったが、すぐにスパンと焦点があった。

すべり台にスポッとハマって寝ている。

朝の七時半だから、もちろん子ども達がそこで遊んでいる訳ではないし、人気もないので、何の問題もない。だが、やはり五十三歳のおじさんがスポッとすべり台にハマって寝ている姿は異様だ。遠目で見ているのでわからないが、胸が上下しているので、しっかりと睡眠に入っているのだろう。春とは言えど、まだ三月のこと。結構寒いよ。背中はステンレスか何かだから冷たいだろうよ。何としても仕事前に寝たいという欲求が人気のない公園の冷たいすべり台にスポッとハマって寝るという形に収める五十三歳。これこれー。だからこの人は僕の推しメンになったんだ。俺を魅了して止まない。

次は何が飛び出すかとワクワクしていると推しメンは今、猛烈にギターが欲しいと言う。たまらない。作業が終わり工場に向かう車の中、もっと推しメンのことが知りたいと思う。

「何でそんなに急にギターが欲しくなったんですか?」

「わからないんだよ。ある日、目覚めて目を開けた瞬間にギターを掻き鳴らしたい気分になったんだ。そんでその気持ちは今も続いている。ギターを弾きたくて仕方がないんだ」

中学生ならわかる。しかし今、目の前で話しているのは、五十三歳のおじさんだ。

「へぇー、そんなことってあるんですね? じゃもう一個バイト増やすしかないですね。ゴミ清掃終わった後に」

「違うんだよ、滝沢君。僕は絶対に働きたくないんだ。働きたくはないけど、絶対にギターを手に入れるんだ」

何を言っているかわからなかった。僕の推しメンは激しく首を振る。禅問答の話でもしているのか?

「そしたらギター、手に入らないじゃないですか?」

「でも欲しいんだ」

「買ってないということは今、生活で手一杯ってことでしょ? だったらバイトとかしてお金を貯めるしかないじゃないですか?」

「そうじゃないんだ、滝沢君。わからないかなぁ。働いて手に入れるとかじゃないんだよ。今この状態で欲しいんだ」

腹筋がぶっ壊れそうになった。昔、ガンズ・アンド・ローゼズのメンバーがギターを手に入れるために自分の彼女をコールガールにしたと聞いた覚えがあるが、その類いなのだろうか？ それとももとんち？ 哲学？ ……いや純粋に欲しいのだろう。これが衝動というものだ。俺だったら働いちゃう。凡人だ。欲しい物があったら、値段調べて、二カ月働けば買えるなどと頭の中で計算してしまう。でもこの人は違う。欲しい！ でも働きたくない！ という矛盾した気持ちを同時に進行させている。

良い。とっても良い。こういう人が職場にいてくれると色がつくってもんだ。おもちろい。心底面白いと思う。俺はいつだって異物を楽しみたい。……にしても衝動が遅すぎやしないか？ 中学生ならわかる。でもその年齢になって喉から手が出るほど欲しい！ と叫べるものを皆さんは持っているだろうか？ 考えようによっては五十三歳で欲しくなるというのは中学生で欲しくなるよりも、よほど強い衝動かもしれない。一応、言ってみる。

「……にしても衝動遅くないですか？ もっと若いうちならわかりますけど」

「それは俺にもわからない。朝、起きて突然だから。俺が教えてほしいよ」

本気だ。笑わせようとしてこんなことは言えない。次会った時にはサーフボードが欲しいとか言い出してほしい。

僕はこの人と出会えて本当に良かったと思う。

おじいちゃん清掃員vsおじいちゃん清掃員

やはり何事も本気というのは面白い。本気で生きている感じがする。そして、できれば客観的な立場で眺めていたい。決して巻き込まれたくはない。

僕がゴミ清掃を始めた八年前にこんなことがあった。

出発まで時間があるので喫煙所に行くと、扉の向こうからカスカスの怒声が響いてきた。その声は折り重なるように、しかしハーモニーを奏でる訳ではないその不協和音に、不吉な予感がした。

扉を開け、中に入ると、おじいちゃん同士が口論している。

片方はお風呂に入ったら鎖骨にお湯が貯まりそうな痩せ型の老人清掃員で、もう片方を見ると、元ロッテの伊良部のようなかっぷくのよい同い年くらいの老人清掃員。二人が唾を飛ばし合いながら口論をしているのだ。

周りではまあまあと言いながら、痩せ型の老人の胸を抑える人がいるし、「喧嘩ができるとは元気な証拠だー」と茶化して場を和ませようとする人もいる。

妙なところに出くわしちゃったなぁと思う一方で、面白そうぉとワクワクする自分もいた。

「止めるなって。誰かが言わなきゃなんねぇだろ。誰も言わないから俺が言うしかねぇだろ！」

と痩せ型ベテラン清掃員が正義の剣を振りかざそうとしている。

「俺は手を出さねぇ。冷静だから大丈夫」と老人伊良部清掃員は間に入る人をなだめている。逆にこういう人の方が、いざとなったら一瞬で仕留めそうな威圧感を放つ。

「朝から揉めたらつまらねぇだろ？　さ、もう車乗れー。おしまい、おしまい」と別の人が手を叩きながら言った。偶然、その人と目が合って、驚いている僕に気を遣ったのか「な、滝沢君？」と話かけてきた。心臓がヒャッっと叫び、握り潰されたかと思った。三十年以上生きてきて心臓が縦長に伸びたのは初めての経験だった。どんな種類の気の遣い方だろう？　僕は曖昧に三回程無言で会釈をした。言葉を発したらどっちかの味方になってしまうので、咄嗟に判断した危険回避に違いないと自己分析した。僕はこんな技を持っていたのだと感心した。

「だってこいつ二個下だぜぇー。二個下のくせに生意気なんだよ」

えっ？　えっ？

「まぁまぁそんなこともあるかもしんねぇけどよ」と仲裁清掃員が痩せ型老人清掃員の肩をポンポンと叩く。

えーー？

俺から見ると二人とも七十歳前後のおじいちゃんだ。

仮に痩せ型の人が七十歳だとしよう。そしてかっぷくのよい老人を六十八歳としよう。俺から見るとどっちも同じだ。六十八歳だろうが七十歳だろうが、もう変わらないだろ？　と心の中でつぶやく。七十歳になっても一個上だとか下とかの上下ってあるの？　確かに中学生に当てはめるならば中一と中三だ。十五歳が十三歳に言っているならば理解できる。しかし目の前で見ているのは七十歳と六十八歳で、七十歳の人が六十八歳の人に二個下なのに生意気だと言っている。いや、あるんだろうなぁ……。その歳にはその歳のいろいろが。

勉強になった。なので我々は、どんなに歳を重ねても、今と変わらず、ずっと先輩は先輩として馴れ馴れしくしてはいけない。もういいだろうと勝手に判断してはいけないということだ。

心臓をダーツで突き刺されたような感覚になったが、老人たちの縦社会を目の当たりにして見聞が広がった。

ＦＢＩと兼業中

皆さんはＦＢＩの人間と喋ったことがあるだろうか？　僕はある。ゴミ清掃員にはＦＢＩの人間も混じっている。

「滝沢さん、絶対に言わないでくださいね」その清掃員は人差し指を唇に当てて、周りの様子をうかがっている。年齢は僕とそんなに変わらないだろう。

「うん？　なになに？」

「本当に誰にも言わないっすか？」

「うん、言わないよ。俺が誰に言うっていうのさ」

「じゃ信用して言いますよ。えっ……と、どうしよう？　言っても大丈夫かな？」

「なにさ、教えてよー。誰にも言わないからさ」

「僕……ＦＢＩなんすよ……」

「えっ？？？」

「声が大きいっすよ！　何のために小声で喋っていると思ってんですか？」

え？　軽く怒られている……。

ごめん、ごめんと言いながら、心の底は、冗談で言っているのか？　と探ってみる。顔の様子を見るとヨガをやる時の片岡鶴太郎さんのように真剣だ。ということはつまり、多分本気。なんでＦＢＩがゴミ清掃員をやっているのか？　と喉元まで出かかって飲み込むことにした。不思議と彼が本気なら僕だって本気で臨まなきゃ失礼だという気分になった。

「僕がＦＢＩってバレたら、抹殺されるんっすから」

「え？　抹殺されるの？　ごめん、ごめん。誰から抹殺されるの？」（小声）

「ＦＢＩっす」

「ＦＢＩってバレたらＦＢＩから抹殺されるの？　わかった。ＦＢＩって超怖いね……。でも何で初対面の俺にそんな大事な秘密を教えてくれたの？」

「信頼関係っす」

信頼関係!?　今日一日しか一緒に働いてないのに俺を信用するの？　それとも僕が一日でＦＢＩの信頼を勝ち取るに値する男だったということなのか？　細かいことを言うようだけど、何で教えてくれたの？　と聞いて、信頼関係っすという日本語はおかしいと思ったが、そんなこと今はどうでもいい。

「でもＦＢＩとゴミ清掃員を兼業していると、めっちゃ大変じゃない？」

彼は五回くらい細かく頷く。どういう意味だ？　察してくれて感謝だぜということだろうか？　もう運転手に聞かれているが、大丈夫なのだろうか？　多分、聞き飽きたのだろう。相乗りのように知らない人を乗せているみたいだ。ライドシェアだっけ？　この空間も日常とは非なるものだ。おはようございますマスターベーションの時も同じだが、きっとおかしなことを言って誰も何も言わないとその場は異空間に激変する。そうそう、小声じゃなきゃ駄目なんだよね？　でもごめんね。誰にも言わないって約束したのに、僕はこの本であらかた喋ってる。

「でも本当はFBI一本で生活したいでしょ？」言いながら笑いそうになる。FBI一本で生活したいってなんだよ？　FBIってバイトしなきゃご飯食べられないの？

「FBIから命じられたんっす。調査してこいって」

「FBIが？　日本のゴミ清掃を？」

八回くらい頷いている。首がバネのブリキの人形みたいだ。面白い。すごく面白い。どういう意味なんだろう？　八回頷くのはFBIで習得した技なのだろうか？　あとFBIって組織の名前でしょ？　俺も詳しくはわからないけど、長官に命じられたとかなんか専門的な役職名があるでしょ？　FBIに命じられたってあなたもFBIでしょ？　ってそんな細かい言葉の綾をつついて本質から離れてはいけない。もっとおっきな根元的な疑問を解明しなければならない。こんなに探ると俺がまるでFBIだ。

「目的は？　目的は？」もう普通の声のボリュームになっている。運転手はこんなときも淡々と運転を遂行する真のプロだ。

「目的？　言えるはずないじゃないですか」と言って急に窓の外を見てそっぽを向いた。ちょっと怒っているようにも見える。

急ぎ過ぎた。焦って結果を出そうとするあまり逃げられた。僕はそう悟った。これはもう無理だ。彼の横顔を見るとどんな拷問にも口を割らない強い意志が感じられ、真一文字の口は閉ざした心を象徴しているようだった。こうなったら無理だ。キレてる？

勉強になった。人生において、ここだという時でも焦って答えを求め過ぎないことが大切だ。皆も肝に銘じてほしい。FBIの目的が聞けなくなる。

しかしひとつ収穫があった。

ゴミ清掃員にはボクサーや劇団員、バンドマンやら声優などの兼業で働いている人が少なくないが、そこにもうひとつ兼業で働いている人にFBIを加えておこう。

たけし軍団に入り損ねた男

兼業で言えば、何人か芸人もいるが、珍しいパターンで言えば、元芸人のおじいちゃんもいる。見た目が若いからおじいちゃんには見えないが……そんな言い方、失礼か？　考えてみれば大先輩だ。でも平たく言えば元芸人のおじいちゃん。なかなか貴重な存在でしょ？

名前を山下さんとしておこう。年の頃なら六十代半ば。この山下さんが、味わい深い話をしてくれた。

「おめー、芸人なんだって？　俺も昔芸人やってたんだよ」

「マジっすか！！！　どの位前ですか？」

「よんじゅう……いや三十七、八年前かな。お前、『ザ・テレビ演芸』って番組知らねぇか？」

「知ってますよ。僕、毎週日曜日に見てましたもん」

『ザ・テレビ演芸』とは一九八一年から一九九一年まで主に横山やすしさん司会のテレビ朝日系列で放送されていた番組だ。

「おー、話が早い。俺、その番組の初代チャンピオンなんだよ」と言って、山下さんは自分のことを指さす。

「えーーー、マジっすか！！！　めっちゃすごいじゃないですか？　ごめんなさい。俺、小学校にあがる前の頃なんで詳しくは覚えてないのですが、失礼ですけど、なんてコンビだったんですか？」

「コンビじゃねぇんだよ。カルテット。ちゃんばらコントやってたんだ。今、バイきんぐってコンビいるだろ？　俺らはザ・バイキングってチーム名だったんだ」

「へぇーーー、マジっすか！　すごいっすね！　あのやすし師匠に認められたということですよね？」

「おう、チャンピオンになった日に焼き肉に連れていってもらったよ。テレビのまんまでさ、われ！　焦げんうちに食わんかーい！　箸で指されてスゴく緊張したよ」

「へぇぇぇーーー！　めっちゃおもしろいお話ですね！　じゃその後めっちゃ仕事もらったん

じゃないですか？」

「イベントで全国まわったよ。あっちこっち行って楽しかったなぁ」

心臓がドクンといった。僕はその後が気になった。

何故、そこまでいった人が芸能界の仕事をもらい続けることができなかったのか？ 現代でも、賞レースで優勝しても、その後皆が認める売れっ子にならない人もいる。賞レースで結果出したからといってイコール芸能界で成功するとは限らないのは現在に通ずる話。今では芸人の数が増えたからとかいろいろ言い訳めいた理由をつけてはいるが、ひょっとして昔からそうなのではないか。そんな仮説が僕の中で急に立てられた。聞いたら失礼になるのかもしれないが、滅多に聞ける話ではないので是非参考にしたい。直の先輩だったら聞けないが、ここまで年齢が離れていたら思い切って聞いておいた方がいいだろう。

「芸人は続けなかったのですか？」

「あー、うん。ひとりが飛んじゃって、いなくなっちゃったんだ。そんでしばらくして解散してよ。そんでそのタイミングで、今考えてみればターニングポイントだったってことがあったんだよなぁ」

山下さんは遠い目をしている。少し聞くのが怖かったけど、思い切って聞いてみた。

「……なんですか？」

「たけしさんが野球やるから暇な芸人来いって、俺も誘われたんだよ。そんで俺は心の中で、なんで芸人が朝五時に起きて野球なんてやるんだよ。やってられっか、つって行かなかったんだよ。

芸人だったら、普通酒飲んで寝てる時間じゃねぇかよ、つって」

「つって……それでどうなったんですか？」

「そしたらよ、その野球チームが後によ、たけし軍団になったんだよ」

「えーーーー！」

「そうだよな？　まさかたけし軍団になるとは思わねぇじゃん？　俺もあの時、起きて野球に行ってりゃ、ひょっとしたら軍団に入れてもらって、たけしさんに可愛がってもらっていたかもしんねぇーな」

「めちゃめちゃすごい話っすね！」

「だろ？　人生の岐路はどこにポイントがあるかわからねぇんだよ。振り返らなければわかんねぇの。振り返ればな、つまり、たった一回の五時起きをしないばかりに、俺、今、毎日、五時起き」

　ギャーーーーーーーーー！

　悲鳴をあげそうになった。

　僕はホラー漫談を聞いているのかと思った。そこら辺の怪談話よりめっちゃ怖い。いや、違う。僕は笑っている。山下さんが僕を笑わせようとしていたので、本当に面白いと思っているが、同時にここで『ザ・ノンフィクション』の『サンサーラ』が流れたら、涙を流していたかもしれない。いろんな感情が入り混じる。こんな深い人生経験を背負いながら体ごとぶつかってくるような漫談がこの世にあるものかと自分のペラさを恥じた。

良い漫談でしょ？　俺の漫談じゃないのに自慢したくなる漫談だ。皆さんの人生においても抽出すれば参考になる点はあるのではなかろうか？

元ボクシング日本チャンピオン

この流れで会長のことも話しておきたい。

何故、会長と呼ばれているかというとボクシングジムの会長をやっているからだ。皆、会長ー、会長ーと愛嬌こめてそう呼ぶ。

ボクシングジムの会長が何故ゴミ清掃をやっているかというとジムの経営が傾いているから。合間でゴミ清掃をやって凌いでいるという。会長はシャイアン山本というリング名でその名を轟かせていた元日本チャンピオン。現在は七十歳近いが、ゴミ清掃員として現役で働いている。

「タッキー、俺もうダメだ！　膝が爆発しそうだーーー！」

会長はパワフルに叫ぶ。ちなみに会長は僕のことをタッキーと呼ぶ。七十歳の人にタッキーと呼ばれると何かとても好きになっちゃう。会長はいつも笑ったり、大声を出したりしている。

「いやー、会長、俺も膝に持病あるんっすよ。走る仕事は辛いっすね」

「そうだな。でもよ、まぁ辛れぇけど、それでも俺らはラッキーだよな？」

「ラッキー？　何がですか？」

「だってよ、この歳でバイトできるんだからラッキーだろ？　普通、俺の歳になったら仕事なんてねぇぞ？　それがこうやってバイトできるんだぞ。タッキーだってよ、好きなお笑い続けられるのもこうやってゴミ清掃員として働けるからだろ？」

僕の体に雷で打たれたような衝撃が走った。確かに僕はゴミ清掃員として働けるとなった時に、このままうやむやにお笑いを辞めずに済んだと心底感謝したものだったが、その気持ちも徐々に薄れていた。そんな中、心の底からラッキーだよなーと言っているボクシングジムの会長を見て、心が震えあがった。

「そうなんっすよー!!!　俺、ラッキーなんっすよ。忘れてました。ありがとうございます！　俺ラッキーなんっすよ!!!」と言うと、会長は「あーん？」と言って不思議そうな顔をしていた。

「タッキーよ、ちょっと聞いたんだけどよ、最近本出したんだろ？　ホラーだか何だかの小説よ」

「あ、そうなんすよ。全然売れなくて困ってるんっすよ」

僕はその頃、『かごめかごめ』（双葉社）というホラー小説で大賞をもらって、本を出版したばかりだった。

「じゃあよ、今度の土曜日飲みに行こうぜ！　おごってやるからよ。そんで三十冊くらい本持ってこいよ」

土曜日、僕は言われるままに会長の指定した居酒屋に本を持っていった。

「おー、タッキー。ここの店長、俺の教え子なんだ。今はボクシング引退してマスターやってんだよ」

「そうなんですか！　今日は会長におごってもらおうと思いまして来ました」と軽口を叩くと、マスターが封筒を出してきた。

「一四〇〇円でいいんですよね？」

「へ？　何がですか？」

「本」

「え？」

「あ、そうそう。タッキーよ、悪ぃけど、サインしてやってくれよ。本買いたいってよ」

「マジっすか！　わぁ、本当にありがとうございます！」

「会長にはお世話になっていますんで」

会長はそれからも来る客、来る客に僕の本を勧めて、いろいろな人に買ってもらった。

「じゃタッキー次行こうか？」

店を三軒ハシゴして、何人もの人に僕の本を買ってもらったが、中には、「会長のお願いだったら仕方がないけど」と言って難しい顔をする人もいた。

「タッキー、あと何冊ある？」

僕は小声で言った。

「会長、もういいです。本当にありがとうございました。僕、わかります。皆が欲しい、欲しいと言ってくれるように頑張りますので、その時になったらまたお願いします」

お笑いをやって舞台に立つ身だから、さすがに嫌々買っている人の顔はわかる。買いたくないけど、会長に悪いから断れなくてしょうがなく買っている。

するとと会長は僕が小声で言っているのもお構いなしに言った。

「何言ってるんだよ、タッキー!! 面白いも面白くないも見てもらわなかったら、話にならねぇだろ? 見てみて面白くないと言われたら、次、もっと頑張ればいいじゃん! 見てもらわないうちに自分で判断しちゃ駄目だよ。面白いと思って書いたんだろ? 俺は機会は与えられるけど、その先はタッキー次第だからよ。ここで駄目でも見てもらえよ。じゃなきゃ次ねぇーんだから、とにかく読んでもらえー」

お構いなしに大声を出す会長を皆が凝視するので動揺したが、僕はここでも心が震えた。これが日本チャンピオン到達のメンタル。拳ひとつでゴリゴリ突き進んで、負けたら練習を頑張っていた現役時代があったんだろう。

どう? いい話っしょ?

こんな人がゴミ回収をしていて、何だよー、このゴミむちゃくちゃな出し方してるよー、なんて会長に言わせる世の中だったら、もうね、日本はおしまいだよ。こんな心底、愛情と情熱を持っている人がゴミを回収しているのだから、皆さんちゃんと分別してほしいと願う下心作戦は、成功していますか? あんまり口に出さない方がいいっすか?

僕は少しだけ実験している。

前著を出してから有り難いことに、芸人仲間からこんなことを言われる。

「滝沢がゴミ清掃員をやっているからゴミの出し方に気をつけるようになったよ。生ゴミとかも水切るようになったし」

その訳を聞けば、もしかしたら滝沢が俺のゴミを回収しているかもしれないと思うと適当に出せないしーと言ってくれる人達がいる。おん？　おうー、と恥ずかしいので生煮えの返事をするが、本当は心底嬉しい。

僕はその時にひょっとしたら、どんな人がゴミを回収しているのか想像できれば、首をひねるような不可思議なゴミが少なくなるのではないのだろうか？　と思った。

ゴミ出しする前に、こんな人達が回収をしていると思ってくれたら嬉しい。

本当は順次さんの話もしたいし、アマドゥの話もしたい。哀川翔さんにお世話になった元ホームレスの人が代々木公園で彼女を見つけて子どもができたので清掃員になったという長坂さんの話もしたいが、長くなったので、また別の機会に書きたい。

今日の滝沢ニュースⅢ

聞いてきてばっかで妻が分別を覚えようとしない……。

9章

コロナ禍のゴミ清掃員

必須のマスクが入手できず

やはりコロナのことは記録のために書き残しておこうかと思う。

百年前に大流行したスペイン風邪のことを調べて、当時を伝える資料がとても参考になったので、世界中が混乱に陥った新型コロナウイルスのこともまた百年後、別のウイルスが流行した時には何かの参考になるかもしれない。

……百年後には紙あるのかな？　この本が残ったとしても黄ばんで読めないかもしれないな。虫食うし……。電子。電子書籍やパソコン的なところに……百年後のパソコンも信用できないな。スパム機能が異常発達して検索不可能な時代になっているかもしれないし……こりゃ石だな。石に彫って伝えるしかないな。でも噂されるの嫌だな……。コロナの混乱を体験して、ある日突然、石に文字彫り始めたらしいぞ？　出家したのか？　と思われる。どうやらコロナのことを彫っているらしいんだが、手彫りだとキツイのかな？　この間、電動ドリル買ってたぞとか、僕に直接言わないで裏でささやかれたらたまったもんじゃない。なので一旦、石に文字を刻み込むのは保留する。保留するが、一連の流れはここに残しておきたい。

ドラッグストアに並ぶ人達を横目にマスクをしていない運転手がつぶやいた。

「俺ら仕事終わってから夕方にドラッグストア行っても、売り切れてるしなぁ」

朝の七時半のことだ。店は九時から始まるにしても、その時間には長蛇の列をなしていた。僕らは八時からの回収に合わせて集積所に向かっていた。

第二章で僕はマスクの重要性を述べた。通常回収でもまともに吸っていたら病気になるのではないかと心配になるほどの埃や、老人ホームの回収では、コロナとは関係なく、「感染症ありのオムツです」と書かれているゴミが出されているので、マスクは必需品だ。

マスクを買い占める人が後を絶たないので、会社も、清掃員に配るマスクが手に入らなくてごめんねと謝まり、僕らは自己責任を余儀なくされた。

僕は元々、花粉症なので、タイミング良く一箱買っていた。コロナ禍になってからも少しは持ちそうだと思いながら仕事をしていたが、マスクなしで回収している清掃員はゴロゴロいた。

そんな状況の中、当時、今ほどコロナの実態がわかっていなかったので、家にウイルスを持ち込みたくないという理由で集積所にそのままマスクを捨てている人がいっぱいいた。マスクをしていない清掃員が、ひょっとしたらウイルスが付いているかもしれないマスクを回収する恐怖。僕らだってコロナのことがよくわかってない。カラス避けネットの上に置かれた裸のマスクを、ダイレクトに触らなければならない恐怖は屈辱すら感じる。

ゴミ清掃員ってそういうことか？　とすら感じた。人の恐怖の尻拭いをする仕事なんだろうか？　ゴミ袋からこぼれ落ちてしまったゴミは拾うが、ここにゴミ放っておくから拾っておけよーと言われているような気がした。

僕らはゴミを収集する仕事であって、散らかしたゴミを拾いに行っている訳ではない。コロナ以前からも、コンビニで売っているホットスナックの紙やチキンの骨、焼き鳥の竹串、飲みかけのジュース、小さなレジ袋、タピオカ。そういったゴミはよく捨てられていたが、今回はマスクだ。わざわざ回収しない底意地の悪さは持ち合わせていないので、今回は恐怖に立ち向かうつもりでマスクを拾う。街を綺麗に保つためには、僕らだけではなく、各家庭、個人、地域の人達と協力しなければならない。

僕らだって同じ人間だから怖いのよ。そっちが怖けりゃこっちも同じく怖い。得ている情報だってワイドショーからだから、皆と同じ知識。超人だと思ってる？　皆が嫌なことは僕らも嫌だ。

報道はすぐにコロナ一色に染まった。全て受け入れると病院がパンクするという理由から、自宅療養者が日に日に増え続けていくニュースを聞く。回転板を回した時に舞いあがる埃の中には、ウイルスが混じっているかもしれない。恐怖と闘う日々を過ごした。病院から出た廃棄物以外は廃棄物処理法に基づく感染性廃棄物に該当しないので、自宅療養をしている方の自宅から出たゴミは、感染性のゴミを廃棄する免許がなくても回収することができると解釈される。実際免許のある人だけだと混乱の中で毎日出るゴミを回収しきれるはずがない。ＳＡＲＳも新型インフルエンザもなかった三十年前に制定された感染性廃棄物の処理については今後、見直されることになるが、今すぐどうなるものでもない。

日に日に増えていくゴミ。家の片づけを始めた人がチラホラ現れ出した。

そんな中、伊達直人のように名乗らずに、防塵用マスクを二十枚程度太田プロを通じて僕宛に送ってくれた方がいた。僕は自分の分を二枚ほど確保して、ゴミ清掃会社に渡した。夕方に買いに行ってもマスク売り切れているしなぁとつぶやいた運転手の顔が思い浮かんだからだ。僕はもらった二枚を洗濯して交互に使った。

新聞等を読んで友達の何人かがマスクを買って送ってくれると連絡をくれたが、全て断った。関西や九州に住む友人が近くの薬屋さんでマスクを買うから、働いている人の数を教えてくれと言ってくれたが、僕らがもらった分のマスクを、現地の清掃員が手にできないと思うともらえない。この混乱を乗り越えるには、皆で協力していくしかない。

そんな話を妻にしているので、妻が病院に子どもの花粉症の薬をもらいに行った時、おばあちゃん達の「わたしマスク七箱になったわー」「わたしは今日で八箱よー」という会話が聞こえてきて、お前らかー!!　と言いたくなったというので爆笑した。無情も度が過ぎれば、人は笑うようにできているのかもしれない。本当にいるんだ、そういう人達…、というのが本音で、怒りより驚きの方が強かった。

僕らはその人達のゴミも回収している。そういう仕事だから。もちろん金のためだが、金いらないからゴミを回収しないと清掃員が全員言い出せば、一週間もあれば、街はゴミだらけになる。実際、年末年始で三十一日から三日まで回収しないだけで、一月四日の集積所はゴミで爆発している。コロナとは別に、過去にイタリアでは、システム上の問題で清掃崩壊が起き、悪臭や、ゴキブリ、ネズミの大ブーム時代が来て、観光客の足元を這いずりまわりパニックを起こしたという。簡単。とても簡単。害虫・害獣天国にするなんて、赤子の手をひねるみたいなものだ。目を瞑って動かなければいいだけだ。しかし、買い占めていない人達の日常こそ守るべきもので、それが僕らの存在理由である。買い占めている人達は、買い占めない人達のおかげで日常を送っているが、きっとそこに気づくことはない。

清掃車で火災発生

緊急事態宣言が出てからは、様々なことが目まぐるしく展開して、何がなんだかわからない状態になった。

いや、都内の土日外出自粛から、これを機に家の中を片づけようという人が一気に増えた。子どもの思い出品、洋服、紙の束、剪定された葉っぱ、雑草、絵本や靴の箱、おもちゃ、かばん、靴、文房具、そしてまた洋服。

緊急事態宣言が出されて以降、さらにこの片づけが激しくなった。繁華街のゴミは極端に少なくなり、繁華街中心のゴミ契約をしている産廃業者は経営が危なくなったとも聞いた。その分、外食していた人達のゴミが住宅街に押し寄せ、弁当のカラ容器、テイクアウト容器が増え、料理をする人も増えた。クックドゥやホットケーキの箱をよく見るようになり、缶回収で言えばトマト缶やサバ缶などを見る。

生ゴミが増え、在宅勤務が主流となり通勤している人がいなくなると、カラスの時代が到来した。はじめはうちの地域だけかと思ったが、SNSに投稿すれば、全国の清掃員がうちも同じだと言ったので、全国的にその傾向があったのかもしれない。それはそうか。たくさんの生ゴミが目の前にあるので、カラスにとっては天国だ。

回収に行けば、生ゴミが散乱していて、ティッシュやラップのゴミが投げ出されている。

俺が片づけろってか？　飯を漁っていたなら、生ゴミ置いていくなよ、これが欲しくてゴミ漁ったんだろ？　と思うが、カラスにも好きな生ゴミと嫌いな生ゴミがあるらしい。カラスも食わない生ゴミを、常備している二枚の板ですくいあげる。ゴミが多い上にこういう作業をやれば、それだけ作業時間が長くなる。まだ取りに来ないというクレームの電話に、むしろ聞いてくださいよーと愚痴を言っても、今なら許されるのではないかと思った。

皆よ。皆いっぺんに片づけ始めたから時間掛かるのよ。洋服の束は、腐らないから何回かに分けて出してよーと嘆く。あまりにも多く出している家のゴミには、シールを貼らなければならない。これもまた時間を食う。ひと家庭で二十袋は無理よ。持っていけない。僕らは全て計算して回収しているから、一軒の家で一度に大量のゴミを出されると、他の家のゴミが回収できなくなる。

この頃、清掃車が燃えているというニュース

をよく見た。分別するのが面倒だから何でもかんでも混ぜて出しちゃえと、スプレー缶やらモバイルバッテリーなどを無造作に捨てている。僕もコロナ禍の最中、モバイルバッテリーを可燃ゴミから抜き取ったことがある。

混乱。絵に描いたような混乱。

ウイルスも怖いし、人の出したゴミも怖い。

リチウムイオンバッテリー。こいつはヤベー。ちょっと圧力が掛かるだけで火を吹く。圧迫に滅法弱いのだ。これのヤバさはその時ではなく二十分後や四十分後に急に火を吹くというタチの悪さ。時間差攻撃の小型爆弾を捨てていると思っていただいて認識はオッケー。清掃車の火災や処理場での事故が多発しているのをよく耳にする。混乱の中でさらに混乱が起きるとは泣きっ面に蜂。拠点回収※を訴えているが、なかなか生活者に理解してもらうことは難しい。

商品を売る方は、消費者が捨てるという出口のことまで考えて、その方法を周知させてほしい。売る責任ね。何でもかんでも最終的に清掃員に押しつける社会なんて、僕らが目指して生きていこうという社会なのだろうか？　と思う。第八章で登場した会長のような人や山下さんのような人が日本のどこかで被害に遭っているかもしれない……。

止まない大量の片づけゴミ

こんな中でも、違反ゴミがあれば、手を突っ込んで取り除く。取り除く時にひょっとしたら、

※自治体が主体となる回収方法。自治体などの行政が公共施設などに回収ボックスを設置し、回収する。

ここにはウイルスが存在するかもしれないと思うと震える。

毎回、毎回同じ場所で、ホッピーのびんを可燃ゴミに混ぜて出す奴がいるのよ。またホッピー君いたよーともうひとりの清掃員と冗談を言い合っているが、沸点の低い人なら、ホッピー君の部屋の中に野犬十頭を解き放つと思う。気の立っている犬八頭に腹の減っている二頭。そんなことしても、世論を味方につけられる自信がある。辛坊治郎さん辺りが「それは誰だって犬放ちますよね？　僕だったら十五匹は確保する」と言ってくれそうな気がする。

大量のゴミを回収する中でも、幸か不幸か違反ゴミってわかっちゃうのよ。手に染みついているから勝手に手が止まるのよ。違反者の耳に、そういう清掃員の声が届かないのは、全ての腹立ちを全国の清掃員が飲み込んでいるから。今までもずっと我慢して堪えてきたのよ。

うちの地域は古布回収がある地域ではないから、これが全部燃やされるのかーと思いながら大量の洋服を回収した。

プラスチックのカゴも死ぬほど回収してきた。プラスチックカゴ業界の方、もう世間の人はいらないみたい。空前のカゴ捨てブームだった。

いつ買ったかわからないけど、何となく家にあるものというのは、世間では邪魔になっているみたい。滝沢宅にも当てはまるからわかる。ちょいとした棚とかカゴはあったら便利だろうなーと思うのだろうけど、結局捨てるということがわかったね。でもプラスチックカゴ業界って何？　自分で言ったけど、そんなのあるの？

死ぬほどぬいぐるみのとどめもさしてやったし、ＣＤやカセットテープもバッキバキにしてやった。ビデオテープもすごかったね。その当時は大事にしていたんだろうけど、もうワールドカップの試合を見ることはないと思い、この機会に捨てたんだろうね。何年間も溜まった家のゴミを、膿を出すかのように各家庭が一気に出した。僕らはそれを回収した。

ありとあらゆる物を燃やしたが、ゴミは燃やすだけではない。

不燃ゴミを回収すれば、皿地獄、グラス地獄、陶器の鉢地獄だった。傘も、それだけで地獄の針山が作れるだろうというくらい回収した。

コロナ以前も、これだけゴミが出ていて日本は大丈夫か？　と感じていたが、隠れていたゴミがまだまだこれほどあるのかと驚愕した。日本人はもう梅酒を漬けないのだろうか？　でっかいびんを飽き飽きするほど回収した。それと引き出物シリーズ。きっと台所の、普段あまり使わない上の棚とかに眠っていた、箱の中に仕舞われたままだった茶碗やらお猪口だとか、ちょっと良いシャンパングラスみたいな類いの数は、清掃員歴八年間で見てきた総数を短期間であっという間に超えていった。

しかし家の片づけをするということは、家から出ていない証拠だから、真面目にコロナと向き合っていたのかもしれない。関係ねぇつって外で遊び回っている人より遥かに素晴らしい。清掃員を苦しめる家の片づけの悪い面ばかりピックアップしたら、コロナと真面目に向き合っているのに申し訳ない。この人達はきっと僕らの事情を知れば、腐らない洋服は数回に分けて出してくれたり、雑草や剪定された葉っぱは、枯らしてから出してくれるような気がする。

だって、コロナが猛威をふるっていた頃、マスコミ各社が、マスクはウイルスが付着しているかもしれないので、そのまま出さずに、小さな袋に入れて処分してくださいと呼び掛けてしばらくすると、むき出しマスクはほとんど見かけなくなったから実感でわかる。

ドリンカー増える

資源回収で増えたのは圧倒的にお酒。

外で飲めない分、家で飲もうというのは自然の流れだし、リモート飲みなるものも流行った。流行っている商品はさらに流行る。売れている本麒麟はさらに爆走し、レモンサワーの覇権争いは激化した。興味深かったのはびんで、それまでの主流はワインだったのに対し、コロナ禍で一升びんが増えた。僕が清掃員として入った八年前は一升びんが多かったが、近年ワインに主役の座を奪われていた。しかし一升びんのような大容量のワインボトルはあまりないせいか、外出自粛時期だけは、一升びんの日本酒をよく見た。まぁ、ありそうだね。ひょっとしたらマグナムサイズの焼酎とかも僕が見ていないだけで、売れていたのかもしれない。

アメリカ人よりピザ食ってるんじゃねぇか？　というくらい、過去にはないほど、ピザの箱を見たし、家の前で縄跳び、バドミントンをやっている光景もよく目にした。五月以降はアマゾンのダンボールが異常に増えて、消費をすることで人はストレスを解消していることを知った。この場合も、買い物に行くのを我慢していることの表れで、多くの人が接触しないように努力している様子を見た。

あとよく見たのが、会社ではシュレッダーに掛けているだろう資料的なもの。家で仕事に使っただろうものがそのまま捨てられていた。関係ない僕が、大丈夫か？　と心配するほどだった。行動範囲が決まっていて、その中で暮らしなさいとなれば、人のやることというのは数種類しかないのかもしれない。

ダースベイダー清掃員

ウイルスが潜んでいるかもしれない恐怖の中、ゴーグル越しにそのゴミの移り変わりを眺めていた。ゴーグル越し。そう。僕は目からの感染を恐れて、割りかし早い段階でシュノーケリングで使うようなゴーグルをつけてゴミ回収をしていた。

蒸れてゴーグルの中が汗だくになる。ゴーグルの中で流れた汗は目に入り、手で拭き取る訳にはいかないのでパチパチさせ根性で目を開いた。開けても塩分で目が痛い。プールの中で目を開けているようだ。粉塵用のマスクは走れば息苦しい。酸素不足なのか作業をしているとクラクラする。そして除菌スプレーを塗り、伸ばせる合羽を常に着ていた。日が照ると四月だというのに暑く、バーナーで背中を焼かれているのではないかと思うくらいの熱で、時にはアチィと瞬間的に叫んだ。

ゴミを出しに来た小学校四年生くらいの女の子がやたら僕を見て怯えているなー？　ゴミ清掃の人は荒くれ者だと思い込んでいるのかなー？　と思ったが、確かにヘルメットをして、ゴーグルの中が汗だくで、粉塵用のマスクが苦しくカーホカーホ言っている奴が近寄ってきたらとても怖いと思う。自分の姿を忘れていた。もし昨日、『スターウォーズ』でもたまたま見ていたら、映画からダースベイダーが飛び出してきたと思うだろう。特殊部隊が自分の街にやってきたと思うかもしれない。

主婦の方が清掃車の音を聞きつけて、玄関から飛び出してきたらそんな格好の僕がいたので「ヒャッッ」と軽く叫んだのを、確実に聞いた。ダースベイダーが会釈をすると、気まずく思ったのか大袈裟に笑い立てて、ごめんなさいと小さく言いながら、つまんだスーパーの袋を差し出した。玄関のドアが閉まった後、一応「カーホー、カーホ」とドアに向かってダースベイダーっぽい呼吸をしてみた。もちろん無反応だ。二、三歩歩いたところで、万が一覗き穴から僕を見ていたら怖かったろうなと思ったら笑けてきた。ダースベイダーもどきが自分ちの玄関に向かってカーホカーホと言っている。三十秒続いたら僕だったら警察に電話する。

こんな感じで完全防備をしていたが、実は途中から実験も兼ねていた。

ゴーグルを掛けている人は数人見かけたが、僕のように完璧な防護態勢で回収をしている人はほとんどいなかった。完璧過ぎて、五月には頭が痛くなり、軽い熱中症になるほどで、自分でもどうかなと感じている部分はある。でも、完璧に防護するのと普段通り回収するのでは、どれほどの差が出るのかと、目の前のウイルスと対峙しながら、ベストな態勢を試行錯誤していた。今後より強い感染力を持つウイルスに変貌するかもしれない第二波、第三波が到来した時に、「こうするのが一番良いですよー」と示せればいいなと思っていた。

車内に戻れば、お茶で喉を潤し、喉スプレーをして殺菌し、手を消毒しては鼻にはイソジンを塗る。過剰なほどやってコロナにかかれば、ゴミ以外の感染ルートがあると考えられる。かかった場合に絞りやすい。皆は普段通り回収をしていて、結果、僕が知っているクラスターは、兵庫の事業所だけだった。これもゴミから感染したかどうかはわからない。全国で働いている何万人もの清掃員でコロナにかかったのは二十人に満たなかった（二〇二〇年七月時点）。

ということは、エアロゾル感染（人に面していない空気感染のイメージ）は考えにくいのではないだろうか？

全国規模で考えれば、間違いなくゴミの中にはウイルスが存在している。確実に清掃員はウイルスに触れているが、ゴミが原因で、次から次へと感染が広がったという話は第一波では聞かなかったので、百年後の人達、この情報をどうぞ。でもわからないよね。

第二波、第三波ではより感染力の強いウイルスに変貌して、舞っているウイルスからも感染するようになるかもしれない。コロナだって、死に物狂いで生き残りをかけて試行錯誤しているのだろうから、一回封じ込めただけで、勝った気になってはいけない。

しかし現段階（二〇二〇年七月時点）では、必要以上に恐れずに、手洗い、うがいで予防できることがわかった。二〇二〇年の冬はインフルエンザ患者数が例年の半分と聞く。今後も、日本人といえば手洗い・うがいが頭に浮かぶと言われるくらい、徹底的にやるべき習慣のひとつに格上げだね。僕はこれを世界に広げるべきだと思う。特に発展途上国におけるスカベンジャーと言われる、ゴミの山から使えるものを拾ってお金に変えている子ども達が心配だ。ゴミに触れた手で目をこすり、物を食べたりすることで感染することも考えられる。めっちゃ金持ちの人、安全な水と石鹸の支援をして、手洗いとうがいの文化を伝えてくれないかな？

アベノマスクから出た鼻と口

もちろんソーシャルディスタンス、対面する時は互いにマスクをして密にならないこともとても大事だけど、ポスターを見て「ソーシャ？　ソー？　シャル？　ディスタンスってなんだ？」と、めっちゃ至近距離で話しかけてくるおじいちゃん清掃員がいた。ポスターに書かれている「ソーシャルディスタンス」と「離れて」が同じ意味だと理解していなかった。思っている以上に、理解されるのに時間が掛かると思っておいた方がいいと思う。

マスクが普段よりは割高なので、買うのが癪だとアベノマスクをしていた人がいたが、鼻と口が出ているのには驚いた。一回洗濯したということらしいが、喋る度にマスクが小さ過ぎて鼻と口が出ているから笑った。

「いや、全部出てるじゃないですか！」

「そうなんだよ。だから喋るときは口中心、回収するときは口を閉じて、鼻中心」

「マスクの付け方、独特過ぎるわ！」

独自に編み出した修行をしているのかと思った。オリジナリティに溢れていた。修行。そうかもしれない。皆、何かしらの修行をしていたのかもしれない。各々の命題を持って耐え抜くことができるかと試されているような期間であった。浪費ばかりしていた人は貯金をしないとどうなるか思い知らされたり、仕事ばかりしていた人は家族と向き合ったり、不条理なクレームの嵐を受けていた人は、その中に法則性を見つけ、今後に活かしたり。それぞれ、無自覚に足りていないものに気づかされる期間だったのかもしれない。

当たり付きのポリバケツ

コロナであろうがなかろうが、給料が変わらないなら、あとは使命感しかない。

歯を食い縛って、言葉に詰まるゴミ達と闘いながらも、本当の本当にゴミ清掃員という仕事に就いて良かったなと思うことがあった。

ありがとうの手紙は純粋に嬉しかった。声を掛けてくれる人もいる。ゴミ袋に直接書いてくれた人もいた。集積所のゴミを回収するとゴミの山の下から、感謝申し上げますという貼り紙が地面に貼られていたりした。ポリバケツを開けると蓋の裏に、雨の日にありがとうと、今朝書いた様子を想像させる貼り紙があった。当たり付きの蓋を開けたような気がして元気が出た。人間なんて単純なもので、言葉ひとつで本当に元気が出る。

僕は思いを馳せた。口癖のように「俺らは人目につかいちゃいけねぇ仕事だからよ」と言う、それまで苦労してきたベテラン清掃員の顔が浮かんだ。偏見にまみれた時代に生きた、会ったこともない清掃員さん達も同じようなことを言っていただろう。コロナという状況下ではあるけど、目を向けてもらえる日が来たんですね、とつぶやいた。苦しい時代にゴミ清掃を始めて苦しい時期で辞めていった人もたくさんいる中で、僕らはすごく貴重な時代に生きている。コロナはめっちゃ怖いけど。でもこんな状況下だからこそ、僕がずっと繰り返して言ってきた「日常」の大切さを理解され、皆同じ気持ちになれたという貴重な場面を目の当たりにした。僕らは言葉が欲しかったのかもしれない。いや、思ってくれればそれで良かったのかもしれない。

綺麗事だけを言うつもりもない。もちろん中には、ストレスに圧迫されてカリカリしているのか、いつもより来るのが遅いとクレームを言う人もいる。ニュースを見れば、世の中には自粛警察なる者がいる。芸能人が誹謗中傷を苦に亡くなり、そんな卑劣なことを集団でやるなんて、世の中間違えていると言っているその日に、僕のところには「ありがとうと言われたくて仕事しているのか？」とコメントをしてくる人もいる。

そんなんもこんなんも、世界に通用する清掃員になるためには受け入れようと思っているが、はたまたしかし応援してくれる方々の声が力になるのも本当だ。

こんなこともあった。

小学校三年生くらいの男の子ふたりが僕らの姿を見て集積所に走っていった。その男の子達は僕らがゴミを回収しやすいようにカラス避けネットをあげて待っていてくれた。

「おーー、マジで？　めちゃめちゃ嬉しいよ。ありがとう!!」と手を振ると、何も言わず照れながらどっかに行ったと思ったら、次の集積所も同じようにカラス避けネットをあげて待っていてくれた。

「ここもやってくれたの？　ありがとう」と言うと、それが最後でもう姿を見なくなったが、ニュースを見てゴミ清掃員が大変だと思ったのか、親がその子達に話しているか。もっと言えば、親がそういうことを日常的にやっているのかもしれない。その子達を見て単純に恥ずかしい大人になりたくないと思った。恥ずかしい大人も見せたくないと思った。僕と同じものを目の当たりにしたら、誰でも同じことをきっと思う。

その子達は気まぐれでただの遊びのつもりだったのかもしれないよ。でもコミュニケーションを取ろうとする気持ちがあったことは間違いない。

ありがとうと言われたくて仕事しているのか？　的なことを言う人も、いつか彼らのようなコミュニケーションを取ってくれる日が来るといいなぁと、本当の本当のマジで思う。

僕は集積所でいろいろなことを教えてもらった。

ゴミ清掃員はただゴミを回収している訳ではない。

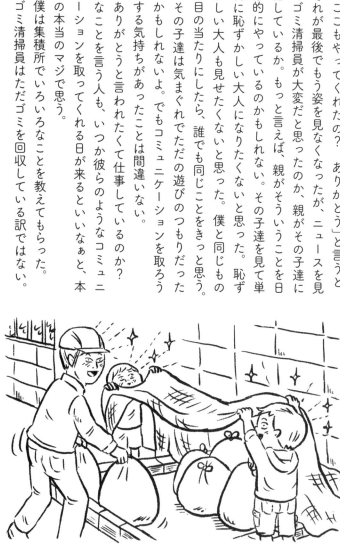

10章

ゴミ清掃員、
食品ロスに腰抜かす

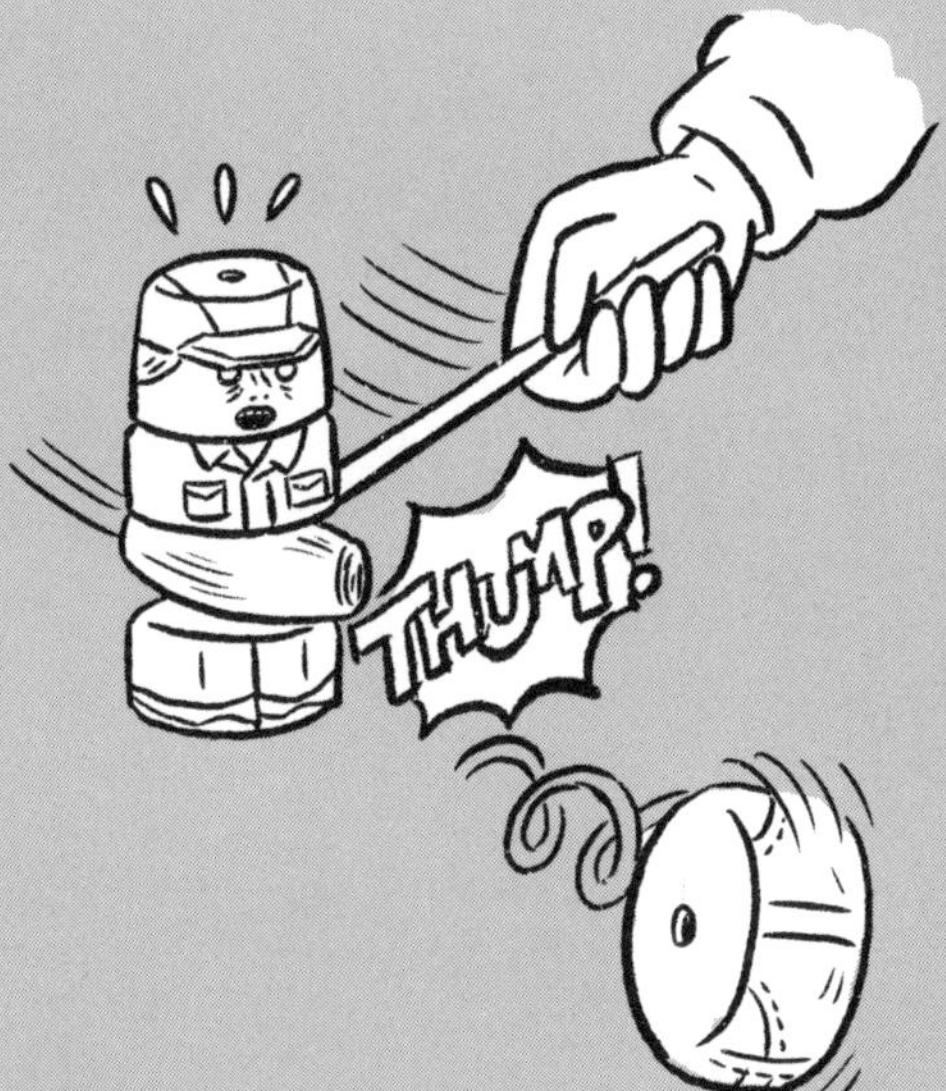

メロン丸ごと三つがゴミに

ブルーン……ボン……ボン……ボン。

比喩でもなんでもなくこういう音がした。聞き慣れない音だった。ボールがアスファルトを跳ねる音かと思ったが、違った。

未開封のゼリーだった。回転板を回した際、ゴミの量が多くあふれて落ちたのだった。

バケットと呼ばれるゴミを溜めるところを見ると、回転板に破砕された箱からゼリーの詰め合わせが飛び出てゴミ汁にまみれていた。いやー、もったいない。買えば五千円はくだらないだろう代物よ。見るからに高そう。

恐らく、お中元でもらったはいいが、食べないので捨てよーというものだ。賞味期限一年以上あるじゃん。もったいないオバケさん、最近サボってるんじゃない？　こういうゴミ多いよ。もうオバケの力で人々を律する時代じゃなくなっちゃった？　昭和に育った小生はご飯残そうもんなら、ぶっ叩かれた。その上、オバケが出ると信じていたから、食べ物にはちょっと特別な思いがある。

捨てられた高級ゼリーは封が開けられていないので、ゴミ汁に侵されていない。高級ゼリーとはこんな味かとチューチュー吸ってみたいとさえ思ったが、七歳と四歳になる子どもがいるので止めた。ゴミの中から親父がゼリーを取り出してチューチュー吸ってたら嫌でしょ？　親父が吸ってたんだから俺も吸っていいよね、と息子がゴミからゼリーを取り出してチューチュー吸い出したら、さすがに嫌だ。人は人知れず誰かに影響を与える。独身だったら確実にイッてる。いや、ダメだ。住民の出したゴミに手をつけたらクビだと厳しく言われている。あぶない、あぶない。ゴミ汁避けて、高級ゼリーを餅飲み名人のように飲み込んでクビになったら、妻に何て言ったらいいかわからない。

「拾ったゼリー飲んでたら見つかっちゃってさー。クビになったよ」

「あぁ？　何？　いろいろ聞きたいけど、まずゼリー飲むって何？　飲むゼリー？　あ？　飲まないゼリー？　じゃ『食べる』でしょ。食べるゼリーは飲まないでしょ？　で、何？　拾った？　食べ物は拾って食べちゃだめなのわからないの？　今、何歳よ？　四十三歳？　あぁあ？　だめだ……。怒りが込み上げて手が出そうになる。あぁ？」なんてことになるだろう。

こういった類いのゴミは珍しくない。ゴミ清掃をやっていると溢れんばかりによく見る。

ある地域の一軒家でメロンが丸ごと三つ出た。考えられる？　妙な重みだったので、絶対に違反ゴミだと思ったら、違った。恐ろしいことにこれは違反ゴミではない。

これもまた、お中元か何かの類いだろう。わざわざ食べたくて買ったメロンを一度も包丁を入れないで捨てることは考えにくい。服の中に隠して持って帰りたいという衝動に駆られたが、帰りの点呼で急に巨乳になっていたらおかしいので止めた。一旦、エロい目で見られるのも我慢ならない。女の子は男の獣の視線に気づくものだ。一瞬イケるかなと思ったのは夏の烈日のせい。つまりその時期。お中元説有力。

デパートの商品券という訳にはいかないのだろうか？　さすがに商品券を捨てている人は見

たことがない。金だから。何故こんなことを言うかというと、僕は他にも多くの捨てられていた贈答品を見てきた。バウムクーヘン、干物セット、欲しくはないけど、きっと特別な思い入れがあって寄付したのだろう、ふるさと納税の返礼品と思われる珍しい食べ物。珍しい物を食べたくて買ったのならば、そうそうは捨てない。

全部くれ。僕と腹減っている若手芸人が餓鬼のように喰い尽くしてみせる。もったいないシステムがちゃんと確立されたらなぁと思ったところで、我に返った。いや、その前にそんなに簡単に捨てるなよと思う。

新米が出たら古米はゴミ!?

だってね、ちょいと聞いて、奥さん！　僕がなんで、そんなことを思うかと言えばね、こういうもったいないことをするのって特殊な人達じゃないのよ。

一般的な住宅街でも、賞味期限の近いカレーのレトルトが、備蓄用なのかな、三、四十袋出ているのを見たことがある。キャベツ、レタス、一部だけ切り取られているパプリカはしょっちゅう、小松菜、ほうれん草、先端が黒くなっている人参、半分だけのりんご、豆腐、もやし、色の悪くなったパックのひき肉、白菜……。クリスマスが終われば、少しだけ食べられたホールケーキ。ダンボール目一杯に詰められたじゃがいもが捨てられているのを見たこともある。

奥さんに言っているんじゃないのよ。多分、この本を手にするような人はゴミのことを考えている人が多いからあまりそういうことはしないと思う。

もうちょっと聞いて、奥さん。そんで驚いたら旦那さんに話してあげて。僕が清掃員をやっていて心底驚く食べ物のゴミがあるの。

米。

秋になると米が、排水溝の髪の毛とかと一緒にゴミとして出されているのよ。ぬいぐるみとかも混じってね。

そんでね、驚くよ。聞いて。じゃ言うよ。心底驚いてね。腰抜かすよ。

多分ね……新米シーズンだから。

びっくりしない？　恐らく新しい米を買ったので、古い米は捨てちゃおうーって人が世の中には驚くほどいるの。

妙な重みだなー、これは違反ゴミかと思って見てみれば、米虫も飛び出さない黄色くなっていない古米。

やらないでしょ？　この本を読んでいる奥さんは？　これが驚くことに違反ゴミじゃないのよ。ヤバくない？　怖くない？　日本の食料自給率三十八パーセントよ※。何が怖いって六十二パーセントは輸入しているのよ。輸入してまでゴミ箱にぶん投げるの。米の自給率は高いけど、そういう問題じゃないよね？　奥さん。

ゴミ清掃を始めてすぐ、衝撃を受けた僕は、その話をしばらく他の清掃員に話したのだった。

「またありましたよー」衝撃を受けた僕に、もう一人の清掃員が良かれと思って教えてくれる。

※農林水産省ホームページ「令和元年度食料自給率について」より

そうか。二人作業だと、もう一人が回収するゴミを見ていない。僕が見ていない捨てられている食べ物はまだまだたくさんある。僕は僕の回収したゴミしか見ていないので、単純に僕が見てきた倍の食べ物のゴミがありそうだ。

そりゃ六一二万トンな訳だ。

一年間に、まだ食べられるのに捨てられている食べ物が日本では六一二万トン。あまりにも巨大な数字でピンとこないでしょ？　今からオイラが言うことときっと驚くよ。食糧援助の数字。これはどういうものかと言うと、世界の人達が世界の食べ物に困っている人達を助けようと援助するために掻き集めた食べ物の量が三九〇万トン※。

わー、わー、わー、わーーー！

僕が初めてこの数字を聞いた時に漏らした感想。感想というか絶叫だったね。

世界の人達が世界の人達を助けようと必死に集めて送っている食べ物の量より、一・六倍、僕達はまだ食べられる食べ物をバンバン捨てている。

納得。そのくらいありそうだ。ゴミ清掃員をやっていると、ストンと腑に落ちる。

もうちょい聞く？

僕が八年間、ゴミ回収をしてきて、最も衝撃を受けたゴミ。ワーストゴミ。

大量のイチゴが回転板によって潰される過程。あれは忘れられない。

ダンボールに詰められたイチゴが十箱程度置かれていた。きちんと業務用のシールが貼られている。業者のゴミだ。顔をあげるとそこには卸売業の車が並んでいた。ダンボールを持ち上

※2018年に国連世界食糧計画（WFP）が、世界中で飢餓に苦しむ人々に行った食糧支援量。「国連WFPニュース」より

げると適度な重さがイチゴの数を想像させる。十箱全てをバケットに運び、もう一人の清掃員が離れてくださいと言いながら、回転板のボタンを押した。回転板に飲み込まれるとすぐにその隙間から強力水鉄砲で噴射したような赤い汁がビューっと噴射され、季節を彩る甘酸っぱい香りが清掃車を包む。回転板があがりきった後、再び回転板が動き出せば、圧縮されたイチゴの赤い汁がドバドバドバーっと大量に流れ込んできて、まるでスプラッター映画だ。惨殺シーンでも見ているようにバケットは真っ赤に染まった。あまりにも美しい。清掃車の中にあることは充分にわかっているのに、飲みたいと喉が震えるほど赤く透き通っている。液体の中にティッシュや煙草の箱などのゴミが浮かんでいることが悔しい。ここにゴミが浮かんでいることに憎らしさすら感じるが、本当にあってはならないものは赤い液体の方だった。皮肉なことに美しければ美しいものほど、この仕事は残酷に見える。悪夢だ。

「前に僕はキウイ見たことありますよ。これはイチゴだから赤いけど、キウイの場合は一面緑。黄色掛かった緑の液体に茶色い皮。一瞬、何を見ているのかわからなくなりますよ」

もう一人の清掃員は笑いながら話すが、その声色には何かの訴えを感じる。

大量の緑の液体を想像してみる。それこそスプラッターホラー映画だ。エイリアン的なものをめちゃめちゃに叩いて大量の緑の血が吹き出すラストシーンの見せ場。映画だから非現実でも受け入れられるが、その光景は現実に存在するというのだから恐ろしい。

もちろんこのゴミもルール違反ではない。イチゴの詰まったダンボールはきちんと並べられていてむしろ行儀が良い。僕の仕事は嘆くことではなく、ゴミを回収することだ。回転板のボタンを押すことだ。受けた衝撃は胸の奥にしまって、ゴミを掴み、イチゴの汁の上に放る。見える。見える。ゴミ清掃員をやっていると世の中の仕組みが見えてくる。

勘違いして欲しくないのは、これは業者が悪いという話ではない。もっと根っこの話。それだけ形の良いものを消費者が求めているからってことだ。形の美しさを求められていないキウイさえも、美しいキウイが求められている。

僕はここでもまた衝撃を受けている。何度衝撃を受けるのよ？　ゴミ清掃員をやっていると受ける衝撃の数があまりにも多い。素晴らしい本や漫画、映画のワンシーンが人の人生を変えることがあるように、僕は清掃車の回転板がミキサー代わりになって大量のイチゴジュースが生まれ、すぐにそのまま消えていったその一瞬のひとコマが忘れられない。僕の人生観を変えた一瞬だ。人生観というと正確ではないか。民情観というか民情学というかそんな言葉はないのだけれども、社会学をさらにピンポイントに絞った、人々に根付いた心の動きと、その民度を伺う新たな学説が生まれるほどの衝撃だった。

初めは運転手に最終処分場の寿命を聞いて衝撃を受け、驚くような嘘をつく住民に本当にこういう人いるんだ？　と衝撃を受け、米が捨てられ、新品自転車が捨てられ、積み重なる粗大ゴミに一日でこんなにゴミって出るの？　と腰を抜かし、大量のイチゴが潰されるのを見て衝撃を受けた。きっと僕は他の人の一生分の衝撃をこの数年で一気に受けている。インドネシアの赤ちゃんが煙草を吸っている映像を見た時も衝撃的だったが、そんな騒ぎじゃない。ただ両方とも知りたいのは、元々のきっかけは何？　ということだ。初めからバカバカ煙草を吸う赤ちゃんなんていないのと同様、今日からイチゴをバカバカ捨てようぜーという会社はないはずだ。美しいイチゴをちょうだいと発注されているから、「美しくない」イチゴを捨てている。

売り場に出されず廃棄になる

ゴミ清掃から少し離れるが、第三章で言った岡山県の環境番組で食品ロスを扱った回もひっくり返った。ゴミ清掃員と芸人を行ったり来たりしながら、いろいろと僕もゴミのことを勉強している。芸人を辞めてなくて良かった。ゴミの現状をいろいろと知れる。

目に飛び込んできたのは信じられない現実だった。

「スーパー三軒分の、今日一日の食べ物の提供でーす」とフードバンクを運営しているアリス福祉会さんに見せてもらった時には、足腰がガタガタ震えた。四十三年生きてきたので、それなりに驚愕の場面を見てきたつもりだが、イチローが日米通算四〇〇〇本安打を達成した時よりも驚いた。そうね、イチローなら絶対にやると信じていたが、食品ロスがこんなにやりよるとは思っていなかった。

「きょ、きょ、今日一日分で、ですか？」

「はい、これが今日だけではなくて、毎日です」

「スーパーさ、さ、三軒分？」

「そうです。協力してくれるスーパーもありますけど、無料で渡したら売り上げが落ちる、だから捨てた方がマシだというスーパーもあります。私達の考えに協力してくれるお店が岡山県では三軒ということです」

「え？　じゃ、じゃ本当言えば捨てられてしまう食べ物は、これ以上にまだまだあるということですか？」

「そういうことになりますね。これが全国で毎日、と考えたら想像を絶する量です」

「ま、ま、毎日」

腰が砕ける音が聞こえた。田舎の小売店だったら、これだけで店が開ける。乳製品、ヨーグルト等の日持ちのしない物が一番多いが、ラーメン、やきそば、ワンタン、ニラ餃子、納豆、豆腐、ベーコン、葉もの野菜の数々、卵、かぼちゃに果物。果物の産地を見ると岡山県ではないものばかり。つまり運んでまで捨てているという奇怪な現象。

「こ、こ、これ、何ですか？　賞味期限切れてないですけど」震える指で大量のパンを指さした。今だったら針に糸を通す針仕事はできない。

「これは見込み発注の生産品です」

「な、な、なんっすか？　その必殺技みたいなシステムは？」

「発注があるだろうと予想をして作り始めないと納品が間に合わないから、注文されていなくても作り始めるんです。でも実際に発注がなければこうして、できたてホヤホヤのまま捨てられるんです」

怖い。怖すぎる。なんだ？　なんなんだ？　僕らの生きている世界は？　おいおいおい、今のは日持ちがしない食品ロスの話しかしていないらしいぞ。奥さん、まだ読んでる？　もういいよと思っているかもしれないけど、僕もそう思ってる。日持ちのする食品ロスだってあるんだから。この目で見てきたんだから。ちょっと聞いて。

倉庫に連れていってもらった。

そこには食べ物の山。山。山。

富士塚みたいな山がいっぱいある。食べ物が丘を形成している。使っていいページが残り少ないので、ざっと紹介する。へこんだ缶コーヒー、ハロウィン限定パッケージ、デザインの変更、印刷ミスの砂糖、賞味期限の近いパスタ、売れ残った缶詰……。

もう食べ物の話はいいわ!!　長い！　長過ぎる。書き出せばまだまだあるが、一冊終わってしまう。万里の長城か！　いや、多分ツッコミ間違い。長いみたいなことを表現したかったのだが、捨てられる食べ物が多過ぎてクラクラと目眩がしたので、仕方がない。

こう書くと、企業が根本的な改革をしないとだめでしょ？　と言うかもしれない。もちろん、そうだと思う。僕も賛成だ。しかしね、奥さん。ちょっと旦那さん呼んできてよ。隣で一緒に聞いてもらえませんか？　怖いのよ。こんな悪行三昧していそうな食品ロスを生み出す企業を追求せよ！　と思うかもしれないが、実はどっこいどっこい。五分と五分。がっぷりよつ。何が？

そう。実は日本の食品ロスの実態は事業系が五十四パーセントで家庭からは四十六パーセント出ているのである※。約半分。がっぷりよつ。

半分は家庭から、食べられる食べ物が捨てられている。怖いでしょ？　怖すぎるでしょ？

※農林水産省ホームページ「日本の食品ロスの状況（平成29年度）」より

でも僕はゴミ清掃員だから、納得もできる。この目で見ているから、そりゃそうよね、とも思う。

この章の前半部分すごかったでしょ？　恐ろしいほど、捨てられているの。

前著で「管理されなければできない恥ずかしい世代になんてなりたくない」という一節を書いたが、昨年、食品ロス削減推進法という法律ができた。もうこりゃなんとか法律で縛らないとどうにもならないということで生まれた法律なのだが、奇しくも僕の予言通りになった。

これは僕がすごいのではなく、誰がゴミ清掃員をやっても感じることは一緒だと思う。ゴミ清掃員はただゴミを回収している訳ではない。

食品ロス界では有名な文書なのだが、京都市がこう公表している※。生活ゴミの約四十パーセントは生ゴミで、さらにその四十パーセントはまだ食べられるのに捨てられている食品だということだ。僕はゴミ清掃で、一日に集められるゴミの量のすごさを知っている。各清掃車が集めたゴミはゴミピットと呼ばれるゴミを溜めるところに集められるが、このうちの十六パーセントだから……、と全体の六分の一あたりに、空想の線を引く。

えーーー、これだけの量の食べ物がまだ食べられるのに捨てられているの？　と想像がつく。

一度、清掃工場に見学に行くと、そのすごさがわかるよ。まず圧倒的なゴミの量に驚いて、さらに僕が今言ったようにどの位の量の食べ物が捨てられているのかなぁと想像してみるとひゃーーーーって言うと思うよ。

先輩に回転寿司屋さんに連れていってもらった時に、隣に座っているギャル二人がネタだけ食べてシャリの山を作ってましたわ。残して帰ってましたわ。

※京都市環境政策局「焼却ごみの組成調査結果（2016年度）」より

怖い。もったいないオバケ、サボり過ぎ。一刻も早く、化けて出てきて。

まぁ、僕も人のことを言うからには、自分がそうしないように気をつけてるよ。ゴミ清掃を始めてからこれをやることにしたね。

妻とふたりで寝る前に冷蔵庫の中を管理する。

「このニラ危なくなってきたね」

「じゃ明日、卵買ってくる」

「お、ニラ玉いいねぇ」

こうやると無駄な食材はほとんど出ない。

簡単だし、お父さんも家庭内食品ロス対策会議に参加すると意外と楽しいもんですよ。冷蔵庫の司令塔をやれば、奥さんの家事負担も少しは減るし、年間六万円節約できる。一家庭でだいたい食べられるのに捨てられている食べ物をきちんと食べると、年間六万円の節約になるみたいですよー。

今日の滝沢ニュース Ⅳ

自宅マンションの集積所が汚れていたので、回収する清掃員が気の毒になり、ついつい片づけてしまった。

11章

ゴミ清掃員の提言
「未来のために今できること」

タイムリミットまで二十年

ひとつなぎの財宝が如く、ここにゴミの全てを置いてきた。あらゆるゴミ問題と対峙、提起を繰り返すうちに、それらは全て繋がっていることがわかり、まさしくひとつなぎのゴミ。

コロナ禍で多くのマスクが海に流れ、クラゲと間違えて海の生物が次々と死んでいる話や、星新一先生の『おーい、でてこーい』は中国ショック※における廃プラスチック問題の予言書ではないかという説。そして今、我々が着ている洋服は一体誰が作ったのか？　と世界の成り立ちにも触れ、挙げ句世界の電気電子機器の九割は不法に処理され、ゴミと毒の話にまで発展した。生活で出るゴミはある意味生きている証拠なので、生きるとはゴミを出すことだと観念的な話になったが、いやしかし自分の出したゴミに対して無自覚が過ぎると僕達自身がゴミなのではないか？　ゴミが生きているに等しいのではないか？　と読者に問いかけてきた。

滝沢が本気を出したその様相は、雲の中から叫ぶ竜が如く、その声は雷となり地上のあらゆる地を焼き尽くす。人々は神への畏怖として的外れの祈願をするばかりで自分達を正そうとしない。これが祈りの起源だと言われている。

ひとつなぎのゴミを書きあげた夜、滝沢が寛いでいると、編集者から電話がかかってきた。

「滝沢さん！　現在八十ページオーバーです！」

「八十ページオーバー？　八十ページ？　え？　誤差の範囲じゃないだろ？　何で止めない？」

「次から次へと送ってくるんですもん。追いつかないですよ」

※世界中から廃プラスチックや古紙などの資源ゴミを大量に輸入し、再利用してきた中国が、中国内の経済成長によるゴミの発生量増加に伴って、2018年から輸入を禁止。そのため、日本では輸出予定だったゴミが行き場を失ってしまった

「どうするの？　ページ数増やせるの？」

「増やせる訳ないでしょ？　年末年始合併号じゃないんだから」

「じゃどうするのよ？」

「しまってください。ひとつなぎの財宝、急いでしまってください。皆もそんなにゴミいらないって言ってます」

「マスクくらげは？」

「マスクくらげも星先生も、ゴミが生きているみたいな宗教的な話も、気持ち悪いです」

「え？　俺の怒りの雷は？」

「怒りの雷はわからないですけど、編集長なら怒ってます。ありとあらゆるゴミを置いていくなって。何か取り憑かれているんですか？　悩みがあるなら聞きますよ」

ゴミ問題は話ですらもゴミ扱いされる。真剣に話せばうるせーなと言われ、あまりにもふざけると真剣な人達に怒られる。僕の目指すゴミ道はとても厳しい。

しかし僕は、この本を読まない人にこそ知ってほしいと願っており、長嶋茂雄さんの言葉をお借りするなら「魂を込めて打てば、野手の正面をついたゴロでもイレギュラーする」ように、無関心な人にもイレギュラーがいつか起こることを信じて、最後の章を書くことにする。

言いたいことが多過ぎて溢れてはいるが、ここはきっと的を絞った方がいい。イチローさんのようにどの球でも跳ね返せる技術を身につけている訳ではない。

なので、僕が最も言いたいことを最後にひとつだけ置いていくことにする。

――日本にもラストロングの精神を――

他のことはいい。もうこれだけ。僕がゴミ清掃員を八年間やってきて、たどり着いた答えは、今のところコレ。ゴミ道の進むべき道はまだまだ先は長いけど、きっとこれが下敷きベースで今後、変わることはない。

ラストロングとは何か？　簡単にいうと「もったいない」だ。直訳すると、長持ちとか持ちがいいという意味だが、これはアメリカの一部の人達のひとつの思想で、「愛しているものならば、命無くなるまで使う」という考え方を指す。

ゴミ清掃員を八年間やってきて、僕は多くの「もったいない」を見てきた。本当に、心の底から、偽りのない心で、僕らはこのままでいいのかなぁと思い続けてきた。

清掃車が突然、イチゴクラッシャーに変身したり、じゃがいもや大根が放り投げられていたり、使い捨て？　と目を疑いたくなる程、真新しい洋服が束で捨てられていたり、どこが壊れているの？　というタンスやソファー、ハンディー掃除機が粗大ゴミで回収される。まだもったいないオバケ出てこないの？　ちょっとサボり過ぎじゃない？　ほら、ボーッとしているから、もったいないおばあさんに席取られた。

以前からの断捨離ブームでこれだけゴミが出るんだと驚いていたが、二〇二〇年のコロナでは泡を吹いてぶっ倒れた。カオス。古いモノも新しいモノも無作為に吐き出すその様相は狂気。

ゴミを出すことは仕方がない。生きているから。人は、生活をより良くしようとするものだから。しかしどうせ捨てるのならば「必要になった時にまた買えばいいや。だから今はスッキリしたい」というその気持ちも、一緒に捨ててほしい。乱雑に捨てられているモノ達を見ていると何だか可哀想。愛してほしい。トキめかなかったら捨てちゃえば『トイ・ストーリー』たちビビりまくるよ。いや、批判みたいになっているけど、違うのよ。トキめき続けられる物かどうか見通す目を養ってほしい。愛情を込めて買えば、簡単に捨てなくなると思う。少なくとも大根を集積所に放ることはなくなる。断捨離の断は入ってくるいらない物を断つという意味らしいね。

あと「思ってたのと違う」問題ね。買ってはみたものの、一、二度使った時に、イメージしていた商品と違うとか思ったことない？　僕はそれを防ぐために、どうしても必要な物は、自分の身の丈よりちょっとだけ高いのを買っている。思ってたのと違うと思った時に、これは高かったから大丈夫とか都合の良い方に気持ちを歪めることないですか？　僕だけかなぁ？　あるあるのつもりで言ってるけど。多分、手頃な値段で買うと簡単に捨てる気がする。皆、そうしようと言っているのではなく、僕はそうしている。やっぱりゴミって心の問題ね。

どうして僕がそんな面倒臭いことを考えているかというと、現実を知ったから。前著、東京の最終処分場はあと五十年しか持たないと書いたが、その先があると二年前は知らなかった。

――日本の最終処分場はあと二十年で埋め尽くされてしまう――

衝撃だった。二十年ってあっという間よ。

東京の最終処分場が五十年と聞いていたから、日本全体も何となく五十年かと思っていた。うちの子どもが二十七歳と二十四歳になる頃には、日本はゴミの行き場が無くなる。

それに気づかされたのはある自治体の最終処分場の見学に行った時だった。

「滝沢さん、見てください。あそこが天井です」

「天井って、あと二メートルないじゃないですか?」

見るとシートに覆われている土の壁が二メートル弱の高さしかなかった。イメージ的に言うと大きな穴に灰と土を入れてその九割方が埋まっている状態。

「あとどれくらい持つんですか?」

「十年弱っていったところですかね」

「十年弱? 全部埋まったらどうするんですか? 最終処分場が埋まったからといってゴミは出続けるでしょ?」

「なので少し遠いですが、○○市に処理費用を払って、受け入れてもらうしかないですね」

「それって税金ですよね?」

「ええ。運搬費、人件費もあるので相当かかります」

「○○市の処分場の寿命は長いんですか?」

「それでも三十年は持たないと思います」

「じゃ、ここのを持っていったら○○市の処分場の寿命も短くなるということですね? そこが埋まったらどうなるんだろう? 新しく処分場を作るんですか?」

「場所を見つけて最善の努力をして処分場を作るのでしょうが、現実は厳しいですね。集積所ひとつ作るのに揉めるんですから」

つまり、今ある処分場でやり繰りしなければならない。

新しく作るために最善の努力をするが、見つかる前に埋まってしまえば処理費用を払って別の処分場にお願いする。これを繰り返せばあと二十年。あと二十年で日本はゴミで埋まる。東京が五十年持つと言われているが、他に、どうしてもどうしても建てる場所がないから何とかしてよー、作るまでの間だけでもーとお願いされれば、受け入れざるを得ない。基本的に県をまたいでお願いすることはないが、日本全体で処分場の寿命を考える必要も出てくる。過疎化や景気に左右されるが、災害ゴミで寿命は縮まることもある。それらは計算しないであと二十年。

二〇二〇年三月三十日に出された環境省のホームページの、廃棄物に関する最新情報では、僕が行った最終処分場の案内をしてくれた人と大体同じことを言っているのがとても興味深い。

・最終処分場の残余容量と最終処分場の数は概ね減少傾向にあり、最終処分場の確保は引き続き厳しい状況。

・ゴミ処理事業経費は増加。

国がこう言うのだから、どこの自治体も似たような感じだと思う。

僕は、ゴミを減らそうとする人が、仮に日本で僕だけになっても、多分、減らそうとする。それは正義感とかではない。ゴミを燃やしてできた灰をコンクリートにリサイクルしようしている人達や、ゴミ清掃会社をやりながら、自ら進んで子ども達にゴミのことをボランティアで教える人、未来の人達が自分らと同じ生活ができるようにとアイデアを出している人達と話をしていて、心が震えたからだ。

僕がお話を聞いた人の中には八十代の方もいた。変な話をする。二十年後生きているかどうかわからないのに、一生懸命ゴミを減らす研究をされている。その方を間近で見て心が震えなかったら僕は人をやめてもいい。もう感銘を受けた後なので、もしその人達が仮に馬鹿らしくなってもうやーめた、と言っても僕はきっと減らす側に残る。

僕はゴミ清掃員として働いてきて、汚い集積所はルール違反のゴミが何度も出され、逆に綺麗な集積所にはルール違反のゴミを出しにくい故に綺麗な集積所であり続けるのを見ている。ゴミやゴミに関する考え方は伝染するのを八年間、僕は嫌というほど見てきた。自分の出すゴミは知らないうちに他人に影響を与える。綺麗な集積所の如く、ゴミを減らそうと頑張っている人達に僕は影響を受けた。なので僕は、ずっと綺麗な集積所側に立っていようと思う。いつ賛同者が現れても迎え入れられるようにずっと立っていようと思う。

簡単なことでいい。思い入れを込めて物を買ったり、自分の出すゴミに責任を持ったり、液体や危険物、リサイクルに回せるものが入っていない状態で出したり、少しだけ気を遣う。それが伝播すると信じている。じゃなければ僕は今までゴミ清掃員として働いてきて何を見てきたというのだろう？　と思ってしまう。皆もそうだけど、自分一人でもやる意義は絶対にある。

「ナンデ、ステルモノ、カウノ？」

僕がこう考えるずっと前、ギニア出身の清掃員と一緒に働いて、言葉に詰まったことがある。

「ナンデ、ニホンジンハ、ステルモノヲ、カウノ？」

僕は答えられなかった。言葉に窮して、そういう国なんだよと答えてしまった。胸を張ってこれが答えだと言える人がどのくらいいるだろうか？

これで経済が潤っているから？　世界一の経済大国じゃないのに？　根を詰めてばかりだと生活に潤いがなくなる？　新しい米を買って古い米を捨てるのが潤い？　このギニア出身の清掃員は服や靴が出てくる度にホシイ、ホシイと冗談を言い、その度に駄目だよーなんて笑い合いながら喋るコンビネーションが生まれたが、僕は正直恥ずかしかった。

僕らが農作物を荒らすイナゴになった気分だった。きっと僕らは大量生産・大量消費に生きてきた人達を真似しているだけだと思う。今はもう時代が変わっているのに気づかないで踊らされている。僕らは僕らなりの新しい生き方を見つけなければ多分、日本はぶっ壊れる。

このギニア出身の清掃員の方が、当たり前のように捨てている僕らより素敵な反応に思えた。僕らは感覚が鈍くなっている。

今でもだが、僕がゴミに関する本を出すより前は、もっともっとゴミのことが知られていなかった。日本人の知られていないゴミの世界を外国の人から見ると、僕が語るより雄弁に、そして僕らの生活があられもない形で立体的に浮びあがる。

超一流金持ちゴミを思い出した。僕が大学を卒業してから、ずっと続く不景気はこういうところなんじゃないかと冗談気味に訝ってみる。まさかね。そんな訳ないよね？　ゴミで出されている食べかけのやきそばを隠した。恥ずかしかった。食べられない人がいるのにもったいないとかそんなことではなかった。あまりにも下品過ぎた。もちろん皆がこういう訳ではないけど。

汚いからゴミ、綺麗だからゴミじゃないということではなく、ゴミは、人がゴミだと思った瞬間に、ゴミとなることを知った。長く働いているとゴミって何だろう？　と思うことがあって、ずっとモヤモヤしていた。ゴミは人の心だ。まだ食べられるものでもいらなーいと思ったその一瞬でゴミとなる。これがゴミの正体だ。はは。そうか、君がゴミか。こんにちは。

「コノクツ、イイネ。ギニアニ、イタトキ、イツモ、アナ、アイテタヨ」

「リユースとかできればいいのにね」

「リユース？」

リユースとはゴミ清掃業界が言っている3Rのうちのひとつだ。形を変えずにもう一度使うことだ。フリマアプリやバザー、詰替えシャンプーの容器なんかもリユースに含まれる。リサイクルと違ってエネルギーを使わない。よく耳にするリサイクルは、実は3Rのうち最も優先順位が低い。切ったり、熱を加えたり、形を整えたりして、そこには膨大なエネルギーが必要となるからだ。しかしやらないよりはマシだろうと苦肉の策を強いられている。

最も優先するべきはリデュースで、これはそもそものゴミを減らしましょうということである。僕が冒頭から言っているように、買ったら大事にするとか、お店で買おうかなー、あっ家のアレで代用すればいいやと考え直したり、爪切りを七つ買わないことや、二〇二〇年七月に始まったレジ袋有料化でレジ袋を削減しようというのがリデュースにあたる。

ちなみに、エコバッグも長く使わなければ環境によくないと聞いた。紙袋で十一回、布バッグで八四〇回、オーガニックコットンのバッグだと二三七五回使う必要があるという※。雑誌の付

※デンマーク環境保護庁「Life Cycle Assessment of grocery carrier bags」より

録のエコバッグが溜まって、多いから捨てちゃおーが一番良くないらしい。なので、家にあるレジ袋をズボンに突っ込んでおいて、エコバッグ代わりに使い、破けたら買うのが、一番ストレスがないのではないかと思っている。ポッケから出すなら楽。年間三、四〇〇億枚のレジ袋消費を一人あたりに換算すると一日一人一枚程度。全員が三〜五回に一回しかもらわなければ、年間百億枚とかに抑えることができるでしょ？

話がそれた。3Rの話。僕はこれを4Rにしたい。もうひとつ付け加えたいのは、

——Respect（リスペクト）——

リスペクトがあれば、大概のことはクリアできるはずだ。

リスペクトがあれば、命無くなるまで物を使う。こんな出し方をしたら清掃員が大変かなと想像するのもリスペクト。食べ物を作った人や加工した人、料理をした人を想像するだけで敬意を払うことになると思う。

リスペクトの気持ちがあれば、劇的にゴミは減る。

僕がゴミ清掃員として見てきたものは、人間そのものと僕自身だったのかもしれない。僕らはもう少しだけ、あらゆる物に歩み寄ることができるのかもしれない。

「モウ、ホシイモノ、ナニモナイネ」

いつかギニア出身の清掃員がそう言う日が来るのを信じている。

あと二十年。基本的にはアウト。しかしこの本を読まない人達に届くようなイレギュラーが起こってくれーと願いながら、僕は今一塁に向かって走っている。

あとがき

読み直して思ったのは、自分はイチローが好きなんだなということだ。僕は思った以上にイチローに侵食されている。そのうちイチローに乗っ取られるかもしれない。そうこうするうちに僕がイチローのような気がしてきた。イチローが僕をバクバク食べ始めている。そうか、僕がイチローか。ゴミ清掃界のイチローだな。いや、どうかしているのか？　おこがまし過ぎる。

「おめぇ、お笑いはどうしたんだよ？」

「お笑い？　あー、好き好き。俺、漫才とかもやってるし」

「やってるし、じゃねぇんだよ。それがやりたくてお笑い始めたんだろ？」

「うん、そうだよ」

「…………うん、そうだよ、で会話止めるんじゃねぇよ。芸人の欠片もねぇじゃねぇか！　面白くなくてもいいから、面白くしようとしろよ」

「……ダリぃ」

「マジかよ……、ただのおっさんじゃねぇかよ……、お前ちゃんと謝らなきゃいけないことあるだろ？　前著で日本はゴミ排出量世界一位と言っていたけど、ＮＨＫでリサーチかけてもらったら、国によってゴミの概念が違うから世界一位と言わない方がいいって言われたんだろ？　ちゃんと謝っておけ」

「……ワリぃ！」

↘れ、そのため名古屋市はゴミ減量化へと大きく舵を切った。この経緯は、大都市が循環型社会への取り組みを推進させた好例とされる。

「ワリィで済ませるなよ。ワリィとかダリィで終わらすような楽な仕事するなよ！」

「どうもありがとうございました」

「逃げんなよ。いい加減にしろ。どうもありがとうございました」、ちゅ～ことでちゃんと謝っておきます。どうもすみませんでした。素人なんで許してくださいね（土下座）。泥は？　世界では泥を不法に川に捨てているところもありますが、それをどう解釈しますか？　とリサーチャーの方にグイグイ言われて、ヒィーーとなった。なので、この場をお借りして、漫才風に謝罪させていただきました。

すみませんでしたと、今あたりめを食べながら書いている。美味い。妻が買ったものだ。見つかると、割りかし本気で怒られる。無情だ。あたりめを好きに食べられない日本は、幸福度が低い国なのではないだろうか？　と今皆に投げかけてみる。どう思うだろうか？

しかし、前著を出した後、こんなあたりめを自由に食べられない僕に憧れて、ゴミ清掃員になった人が、名古屋と仙台にいるというのだから嬉しい。ゴミ清掃という職業の素晴らしさを、少しでも知ってもらえたのかもしれない。彼らには本当に頑張ってほしい。

蜂に追われることもあるだろう。照り返しから逃げられない夏もあるだろう。東京より寒い仙台ではどんな清掃が待っているのだろう？　藤前干潟※の問題があって名古屋では他の地域よりゴミを真剣に考えているだろう。東京ゴミ戦争という歴史も、プラスチック戦争と僕が勝手に呼んでいる現在も、ゴミにまつわる話はまだまだたくさんある。どうか仙台ゴミあるある、名古屋ゴミあるあるなどで、苦しいことがあっても笑い飛ばしてほしい。頑張ってね。

※愛知県名古屋市の南西に位置する干潟。工業地帯に囲まれながらも豊かな自然を残し保全が求められる場所であるため、当初予定されたゴミ処理場建設計画は断念さ↗

あたりめはダイエットのために食べているらしい奥さんにも、ゴミ清掃を紹介しようと思う。最近、この鏡太って見えるーと言うのが口癖で、よく鏡や洋服のせいにしている。痩せられる上にお金ももらえる。ジョギングと違って今日はここまでと言えないところがポイント。極上の運動が期待できる。いや、やっぱりやめときましょう。疲れて機嫌が悪くなったら困る。元気に過ごしてくれたらそれでいい。長生きしてください。なので、勝手に食べたあたりめを気づかれる前に買っておかなければならない。

さぁ、いよいよ最後ね。

今は、ゴミ回収が終わった夕方の気分にとても近い。朝一に回収した道を通って帰る。黄色からオレンジ色に変わりかけている夕日に照らされた、ゴミのなくなった集積所。そのゴミのない数々の集積所を見ると、一日が蘇る。あんなことあった、こんなことあったと思い出しながら目に入ってくる光景って、そりゃとてもとても美しいんよ。

働いた実感もあるし、これで日常を保てたという自負もある。会社に戻ったらお金をもらえるという手応えもあるし、帰ったら何しようかなという高揚感も味わえる。

見事な一本道で、夕日に照らされている景色が時間の経過を物語って、キラキラして壮絶に綺麗なのよ。美しい光景ってひょっとしたら、絶景側にあるのではなく、見ようとするこっち側がどんな景色を持っているか、なのかもしれないと感じさせる。それほど美しい。

原稿を書く中で、眠さに負けじと目を擦りながら書いていたら、間違えてデータを消してしまったという絶望もあった。はみ出た文字数をどう収めるかと格闘もした。上質なゴミをお届けするのにめちゃめちゃ苦労したので、このあとがきを書いている今は、清掃車から見る夕日を眺めている気持ちに似ている。

しかし一方ではこんなことも思う。

皆さんがゴミをゴミ箱に捨てた瞬間、そのゴミを永久に忘れてしまうように、僕もまた回収したゴミを清掃工場に捨てた瞬間、思い出せなくなるのかもしれない。なので僕は、忘れないようにこの本で、回収してきたゴミの数々を思い出し、自分達の出したゴミがどんなものだろうと振り返り、味わった。何かのお役に立てれば、清掃員になった甲斐があります。

働きながら、なんで労働するんだろうという疑問にぶつかったことがあります。でも結局僕は、こう思っているのかもしれないっす。

労働は美しい。

働いている最中はとても苦しいが、振り返るととても輝いている。大変なら大変な程、それを乗り切ったという自負が生まれ、僕を満足させる。「その仕事が好きである」と「後から振り返れば」という条件付きだけど、そう思っていると何とか乗り切れる。自分洗脳の術。

そうやって乗り切ると美しく感じるのよ。過去と現在と未来の自分を都合のいいように行き来して、なるべく苦しまないように生きている。で、どうせ生きるのなら楽しく過ごしたいと思って、とーちゃんはゴミを回収している。

本当に最後。皆さん、ここまで付き合ってくれてありがとうございました！

次の日が休みの日に、飲みにでも行きましょう！

滝沢秀一　たきざわ・しゅういち

1976年、東京都生まれ。1998年に西堀亮とお笑いコンビ「マシンガンズ」を結成。「THE MANZAI」2012、14年認定漫才師。2012年、定収入を得るために、お笑い芸人の仕事を続けながらもゴミ収集会社に就職。ゴミ収集中の体験や気づきを発信したツイッターが人気を集め、『このゴミは収集できません』(小社刊) 発売後、さらに話題に。他にも、『ゴミ清掃員の日常』(講談社)、『ごみ育』(太田出版) などがある。現在も、お笑い芸人は副業と言い、本業のゴミ清掃業に従事している。

やっぱり、このゴミは収集できません
〜ゴミ清掃員がやばい現場で考えたこと

著者　マシンガンズ滝沢秀一
2020年9月10日初版第1刷発行

発行人　田中辰彦
発行所　株式会社白夜書房
〒171-0033
東京都豊島区高田3-10-12
03-5292-7751(営業部)
03-6311-7210(編集部)

編集　菅沼加奈恵
装丁　アベキヒロカズ
イラスト　タナカリヨウスケ
製版　株式会社公栄社
印刷・製本　大日本印刷株式会社

ISBN978-4-86494-282-9